AF464282

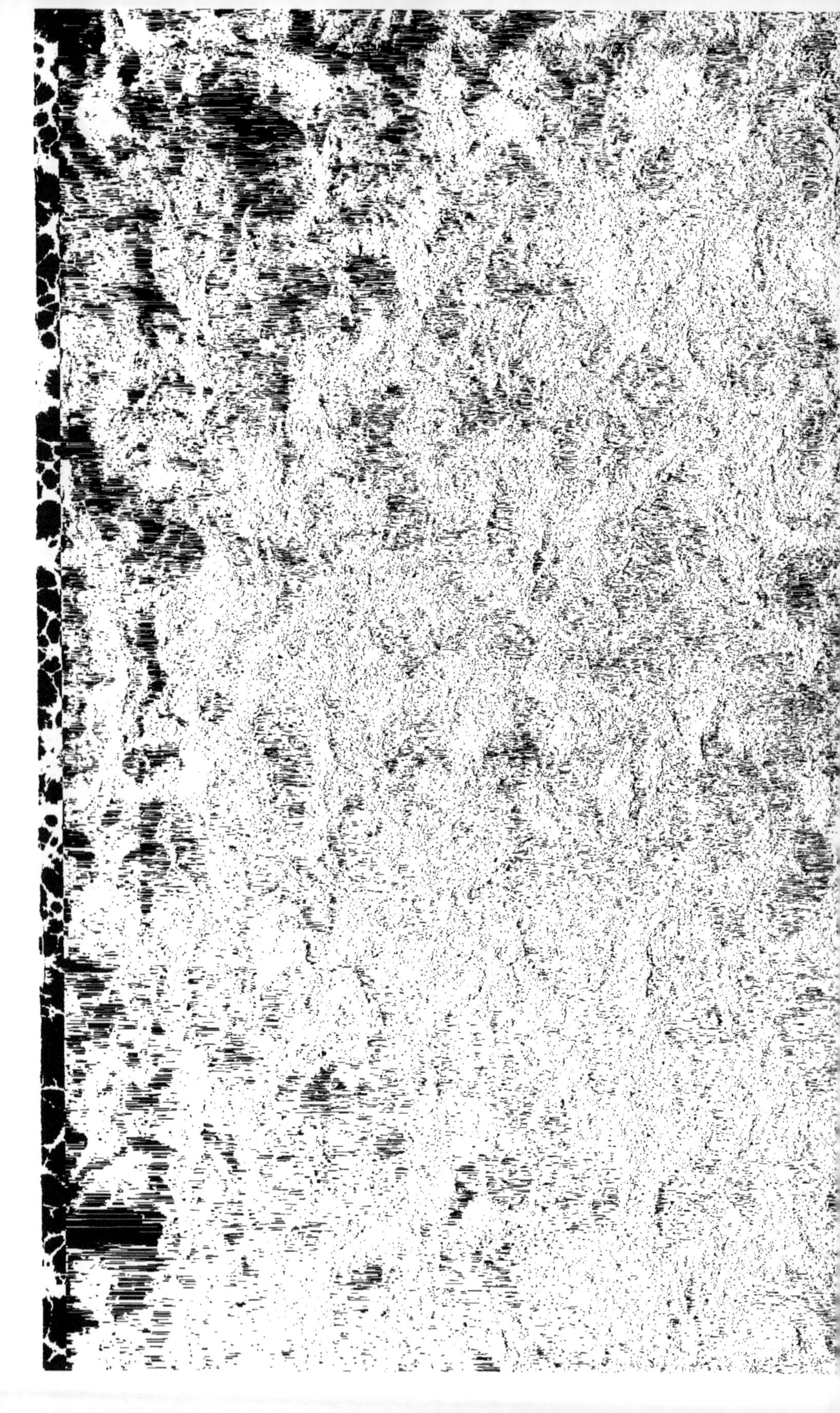

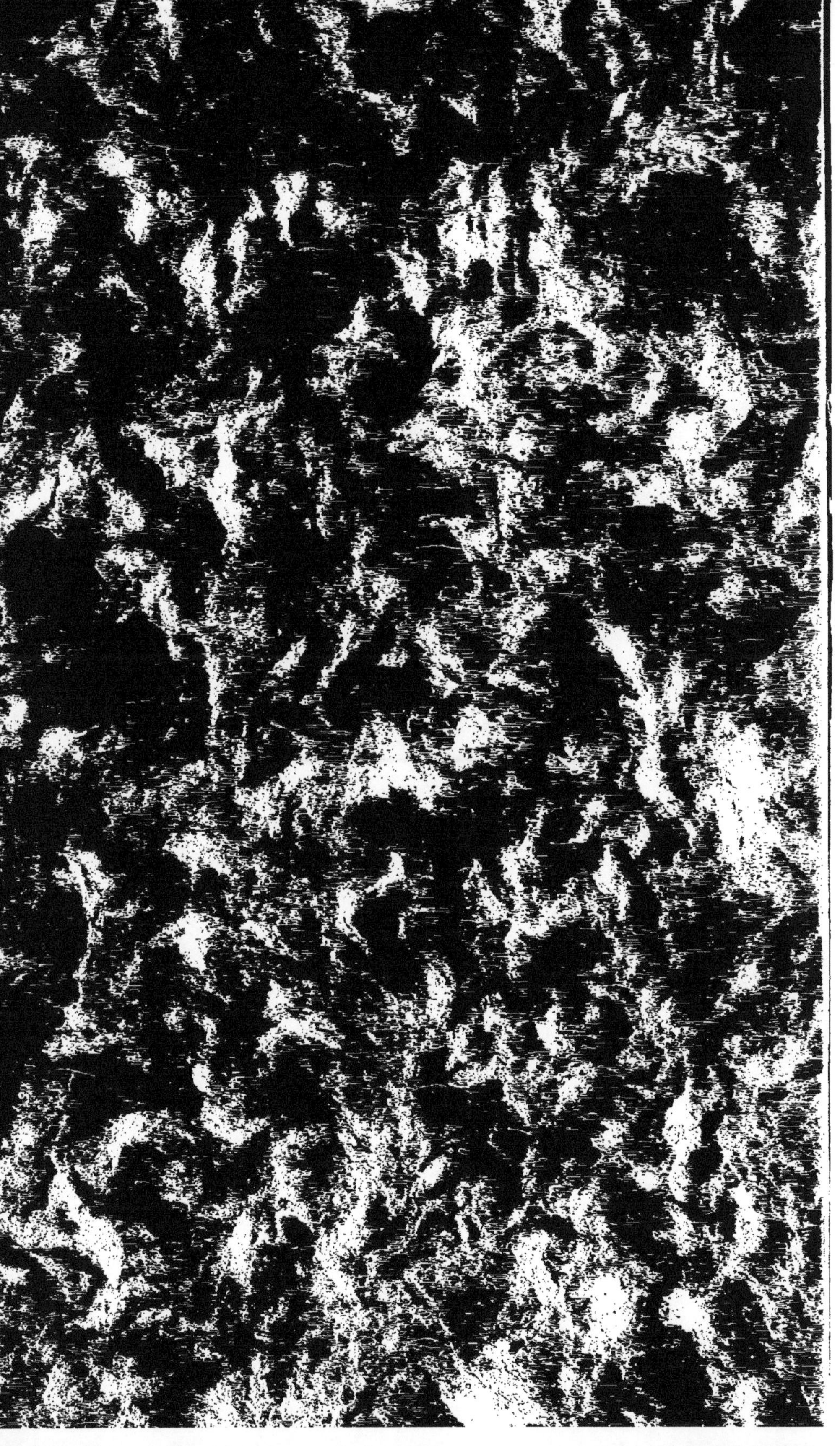

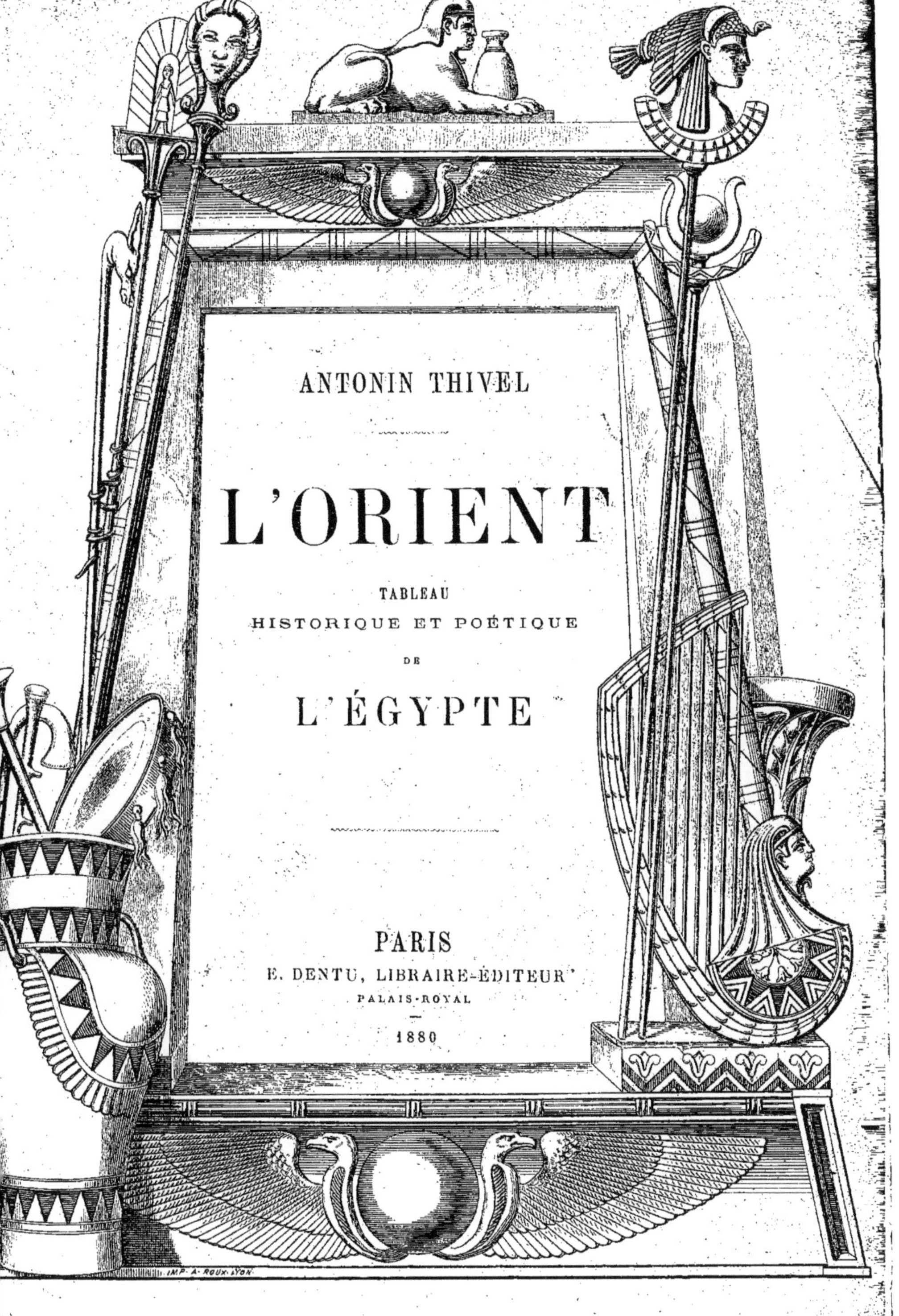

ANTONIN THIVEL

L'ORIENT

TABLEAU
HISTORIQUE ET POÉTIQUE
DE

L'ÉGYPTE

PARIS
E. DENTU, LIBRAIRE-ÉDITEUR
PALAIS-ROYAL

1880

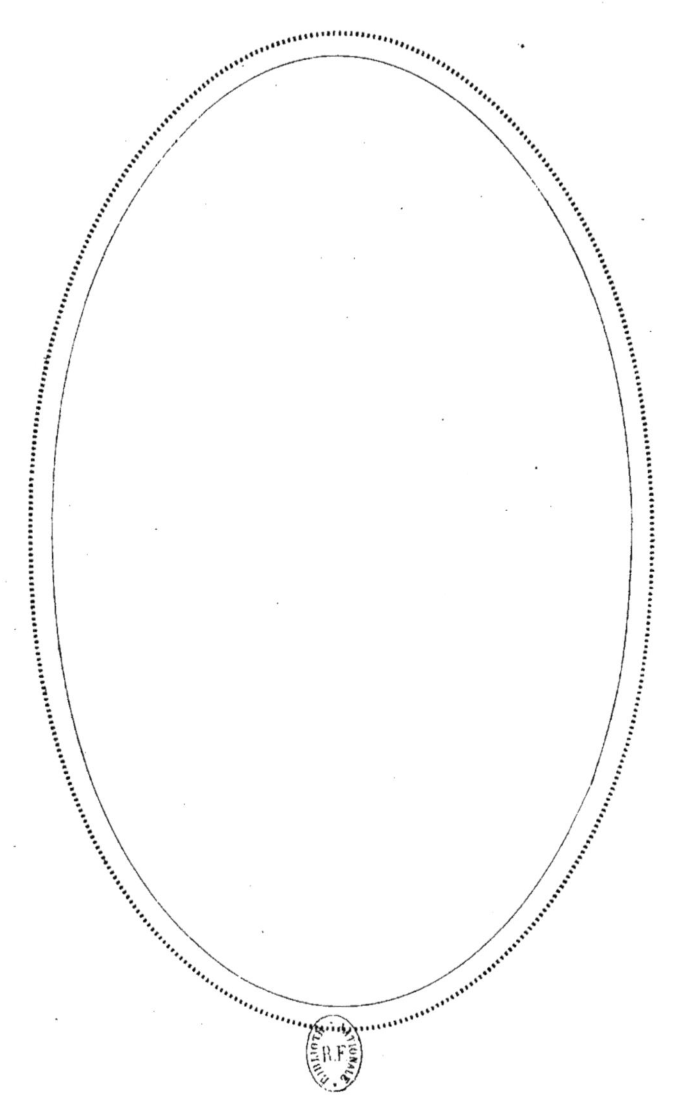

L'ORIENT

LYON. — IMP. PITRAT AINÉ, RUE GENTIL, 4.

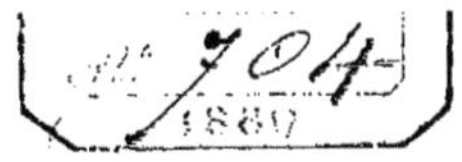

ANTONIN THIVEL

L'ORIENT

TABLEAU HISTORIQUE ET POÉTIQUE

DE

L'ÉGYPTE

PARIS
E. DENTU, LIBRAIRE-ÉDITEUR
PALAIS-ROYAL, 17 ET 19

MDCCCLXXX

A

SA MAJESTÉ L'IMPÉRATRICE

Madame,

Ces souvenirs de voyage en Orient sont un pieux hommage que le plus humble de vos serviteurs dépose aux pieds de Votre Majesté.

Ce livre ne devait pas, hélas ! être lu au travers des larmes... C'était à l'espérance et au bonheur qu'il était adressé. Les grandeurs terrestres allaient sourire au digne héritier des Napoléons.

Mais Dieu destinait à l'héroïque prince au cœur d'or, à l'âme si belle et si élevée, une autre couronne.

Nous sommes dans les larmes, et seule la prière peut les adoucir...

Votre Majesté avait reçu de la Providence toutes les beautés de l'âme et du cœur. Les peuples appelaient l'Impératrice de France, l'héroïne d'Amiens, la « Sœur de Charité », la sublime Souveraine.

Toutes ces gloires, ces splendeurs, ces vertus, appelaient le martyre...

Dieu a donné à Votre Majesté la triple couronne avec Jeanne d'Arc et Marie-Antoinette.

ANTONIN THIVEL

L'ORIENT

— NOTES DE VOYAGE —

CHAPITRE PREMIER

DE ROME A ALEXANDRIE

I

Avant de partir pour l'Orient et de contempler les merveilles pharaoniques, je tenais à me retrouver en face des monuments de l'Italie que les souverains pontifes ont conservés à notre admiration. Je voulais garder une fraîche impression des temples chrétiens pour les comparer aux temples de la vieille Égypte.

L'art chrétien puise ses inspirations aux sources les plus pures; il y a dans son architecture une suavité qui enchante l'œil et réjouit le cœur; ses lignes simples et harmonieuses s'emparent de l'âme et l'élèvent jusqu'à l'infini; sous la mystérieuse majesté de ses basiliques le genou se plie et les lèvres s'entr'ouvrent pour prier.

Dans les temples païens la beauté des formes excite une admiration tout intellectuelle : on trouve des proportions savantes, des ornements distribués avec autant de goût que de richesse, un ensemble brillant, irréprochable et quelquefois magnifique; mais tout cela ne dit rien au cœur ; ce n'est pas l'âme qui palpite, ce sont les sens.

Mon imagination tout imprégnée des grandeurs du christianisme, mon esprit fortifié de ses sublimes leçons, je me sentis prêt pour l'étude des grandeurs du paganisme, je crus pouvoir m'instruire au spectacle des décadences qui remplissent l'histoire des peuples païen .

Je me disposai au voyage.

II

Ma dernière démarche, avant de dire adieu à l'Occident fut d'aller m'agenouiller aux pieds du Pontife suprême; j'eus ce bonheur, j'obtins cette bénédiction apostolique qu'un chrétien peut regarder comme le huitième des sacrements : où pouvais-je trouver un plus riche trésor d'espérance pour l'avenir et de force contre les dangers?

Aussi j'aime à jeter encore un regard sur cette ville éternelle.

Ce n'est pas sans une mystérieuse émotion que l'on franchit le seuil du Vatican, palais de la prière et sanctuaire des arts; lorsqu'on pénètre dans ces immenses et illustres salles où depuis des siècles, peuples et rois sont venus courber le front aux pieds du vicaire du Christ, la personnalité, quelle qu'elle soit, se retrouve humble et petite.

Autour du front de Pie IX rayonne une double auréole, celle de la plus haute majesté qui soit sur la terre et celle du divin messager qui connaît et enseigne le chemin du ciel; son regard doux et profond reflète la grâce et inspire la foi; son sourire est bien celui que Raphaël prête à l'archange; sur son visage prédestiné on croit voir quelque chose de cette beauté pure et splendide des bienheureux qui assistent sans cesse en face de l'Éternel.

Le vénérable Pontife, nul ne le conteste, est la plus grande figure de l'Église depuis Pierre, dont il a dépassé les années sur le siège de Rome. Comment donc l'Italie oublie-t-elle aujourd'hui que toute sa grandeur, après la disparition des anciens Romains, elle la devait à ses papes? N'est-ce pas eux qui ont protégé tant d'artistes, créé tant de chefs-d'œuvre, tiré du cahos les lettres et les sciences, et fait de la péninsule le berceau de tous les arts modernes?

Pour continuer à être grande, pour retrouver quelque chose de son ancienne splendeur, l'Italie devra donc revenir à son ancien respect pour la papauté, elle devra renouer la chaîne malheureusement interrompue de ses traditions dix-huit fois séculaires.

Indescriptible fut mon émotion à l'apparition du Saint-Père : c'était la première fois que mes yeux s'ouvraient pour un tel spectacle. Il s'avance calme, bienveillant, avec une majesté qui impose mais n'accable pas ; il sourit à mon compagnon et lui adresse quelques-unes de ces affectueuses paroles qui lui sont familières. Il le connaissait depuis longtemps pour un bienfaiteur de l'Église et savait que son cœur n'était plus à conquérir.

Bientôt il vient à moi. Il m'enveloppe un instant d'un de ses regards tout de bonté et de mansuétude.

« Et vous, mon ami, dit-il d'un accent ineffable, croyez-vous à ma bénédiction? »

Pour toute réponse je saisis la main auguste qu'il m'abandonna, et je la couvris des larmes que je ne pouvais plus retenir.

Le Pontife s'éloigne alors d'un pas, il lève au ciel des yeux doucement émus. Nous sentons que son cœur prie pour nous. Puis d'un geste paternel il étend sa main sacrée pour nous bénir. Nos fronts étaient profondément inclinés. Nous entendîmes ces mots prophétiques :

« Je vous bénis, mes enfants, au nom du Père, au nom du Fils, au nom de l'Esprit-Saint! Partez pour votre pèlerinage; votre ange vous accompagne; le Seigneur vous protège : aucun mal ne vous arrivera. »

Les prélats qui faisaient le cortège du Saint-Père n'étaient pas moins impressionnés que nous-mêmes. Leurs yeux se mouillèrent de quelques larmes. Pie IX mit fin à cette scène attendrissante en allant s'entretenir avec des missionnaires qui arrivaient de l'extrême Orient.

III

Le lendemain nous quittions Rome et ses merveilles. La vapeur nous emportait vers Naples. Cette ville est trop célèbre pour que nous pussions rester indifférents à ses beautés. Nous y consacrâmes quelques jours. Nous en parcourûmes les sites enchanteurs. Quant à l'ascension du Vésuve, elle nous a procuré la plus instructive comme la plus fatigante de nos journées : mais quel spectacle grandiose, soit le volcan lui-même, vu du Pausilippe et reflétant sur la mer ses perpétuelles fumées, soit le magique panorama qui se déroule du haut de son observatoire !

Arrivés sur le bord de l'immense gueule qui était au repos, nous ne pouvions rien distinguer du fond qu'une vapeur blanchâtre. Nous éprouvions quelque tentation d'imiter les hardis explorateurs, tels que Chateaubriand, et de nous aventurer dans ce gouffre au moyen de cordes; mais le souvenir d'Empédocle et l'atmosphère suffocante pour qui se penchait trop longtemps nous firent bien vite changer d'avis. Les entrailles du monstre ne cessent pas de contenir et peuvent toujours agiter la « torche de Jéhovah ! »

Sorrente nous offrait le repos le plus délicieux et le plus poétique : nous restâmes deux jours au milieu de ce bouquet d'orangers, dans ce nid verdoyant suspendu entre la mer d'azur et le ciel bleu. Sorrente, bien digne d'avoir vu naître le Tasse, nous a montré la maison qu'habitait dans son enfance le chantre de *la Jérusalem*. Mais le temps a montré plus de respect pour les vers de l'épopée que les flots pour le berceau du poète.

Nous fîmes aussi une visite à Capri, aux rochers pittoresques et aux ruines antiques. Les souvenirs que l'histoire rattache à ce nom appelaient moins encore notre attention que les charmes de ce séjour et la fameuse grotte d'azur qui offre de si belles stalactites et des effets de lumière si merveilleux.

Nous approchions de l'extrémité méridionale de l'Italie.

Il nous fallut encore traverser les interminables plaines calabraises sillonnées par les Apennins, dont les pâtres ne méritent que trop leur réputation légendaire de brigandage et de férocité.

Sur les côtes de l'Adriatique, nous avons remarqué nombre de villes charmantes d'un site toujours heureux.

Parmi elles sont : Barletta, fondée par les Normands, de bonne heure commerçante, et dont les vingt mille habitants sont encore industrieux, intelligents et riches; Trani, cité d'une importance à peu près égale, qui montre avec orgueil la belle cathédrale de ses archevêques et offre à l'étranger le muscat de ses riches coteaux; Bisceglia, hissée sur son roc escarpé, avec sa ceinture de gracieuses villas; Bari, ville forte, d'abord romaine, puis soumise à l'empire grec, puis aux Arabes, et boulevard des Normands, qui en avaient fait leur capitale dans la Pouille. On y admire encore la haute tour de sa cathédrale et d'innombrables richesses artistiques.

Après avoir côtoyé bien d'autres localités qui, à divers titres, sollicitaient nos regards, nous touchâmes Brindisi, Brindisi célébrée à chaque page de l'antiquité romaine. Virgile y mourut quelques années avant de pouvoir, hélas! connaître le christianisme. De son port, accessible aux plus grands bâtiments à fleur de quai, sont parties plusieurs expéditions illustres, celle de César contre Pompée, et plus tard des croisés pour le tombeau du Christ.

Depuis le gigantesque travail qui, par l'isthme de Suez, vient de réunir la Méditerranée à l'Océan, quel avenir nouveau ne s'ouvre-t-il pas pour le port de Brindes!

IV

Le dimanche soir, 14 décembre 1873, nous quittions l'hôtel de la Compagnie des Indes pour nous embarquer sur un de ces *steamers* aux proportions colossales dont les flancs portent à l'extrême Orient les échanges de la Carthage du Nord.

Le *Siméla*, à bord duquel nous passons, est un solide vapeur avec une force motrice de huit cents chevaux. Les chargements opérés durant la nuit entière font un vacarme qui ne laisse pas fermer l'œil au voyageur harassé de ses longues courses sur terre. Il faut se résigner.

L'équipage compte presque autant de matelots italiens que de marins anglais. Quant aux passagers, le steamer en porte de toutes les nations, mais particulièrement d'origine britannique.

Il n'est pas sans intérêt de suivre d'un œil observateur les habitudes des diverses nationalités : chaque peuple a son cachet, ses préjugés, ses qualités spéciales qui ressortent bien vite dans les relations forcées de tous les instants. La traversée sera longue, on partagera les mêmes impressions, les mêmes plaisirs, les mêmes dangers : c'est tout une existence commune, c'est presque une seule famille.

Du premier coup d'œil il est aisé de distinguer les personnes habituées aux longs voyages, de celles qui naviguent pour la première fois. Les novices sont empressés, communicatifs; les autres se tiennent sur la réserve, étudient leur monde avant de se lier, et avec grande raison.

Toutefois, il arrive aussi que la glace est rompue malgré une résolution arrêtée de conserver les distances. Alors les relations se multiplient; la conversation s'établit. Le thème ne saurait faire défaut : c'est l'immensité de la mer, la monotonie de l'horizon, la beauté des nuits; ce sont les tableaux que peuvent offrir les îles ou les divers parages en vue desquels on passe; ce sont aussi les éventualités de mauvais temps et les tempêtes déchaînées qui, infailliblement, resserrent les liens entre passagers, liens que l'entrée au port modifie de nouveau, selon les exigences du rang, de la fortune ou de la vanité.

Mais le *Siméla* lève l'ancre. Le temps est splendide. J'assistais sur le pont aux manœuvres des matelots. On entendait encore chanter les oiseaux sur le rivage; on apercevait les laboureurs occupés aux nobles travaux de leurs champs.

Le cri aigu de la machine a retenti; la masse énorme s'ébranle; les vagues blanchissent sous les coups d'une hélice puissante : nous partons et la terre fuit d'abord rapidement à tous les yeux. Bientôt l'allure du navire se modère. Le balancement devient plus doux; nous sommes en pleine mer; la côte n'est plus qu'une ligne bleue et confuse; Brindisi n'est qu'un phare au milieu d'une brume légère, et enfin ce point lumineux s'est perdu dans le lointain.

La journée fut bonne.

Vers le soir, des côtes étaient en vue; c'étaient quelques îlots. Le soleil, en s'approchant de cette grande limite horizontale qui sépare le ciel de la mer, donnait au paysage une infinité de ces teintes nacrées et vaporeuses dont on n'a pas d'idée sur la terre, et devant lesquelles la plus riche des palettes humaines est si complètement impuissante.

Tout à coup au milieu même de ce ravissant coucher de soleil, une bande d'azur se dessine sur la pourpre des flots. Serait-ce un présage? personne ne s'en inquiète. Mais tout prend des nuances plus sombres ; les gorges étroites rappellent autant de fournaises. Seule la cime des rochers garde un léger reflet d'or dont les formes capricieuses font songer aux banderoles d'un jour de fête. C'est le prélude de la nuit. Son ombre et sa fraîcheur tombent aussitôt sur nous presque sans nous offrir la transition du crépuscule.

V

Le lendemain, journée encore splendide. Le pont présentait une vive animation : de jeunes miss, de respectables ladies, se promènent gravement de long en large; des Américaines, des Californiennes fraîchement parées par les mains des grandes couturières de Paris, étalent une toilette aussi riche que tapageuse, et poussent de petits éclats de rire pour provoquer sinon l'admiration, du moins quelque attention des spectateurs. Les jeunes *gent-*

lemen farmers qui ont délaissé Albion pour tenter la fortune aux Indes, restent insensibles aux agaceries de ces Yankees féminins. Ils sont résolus à ne pas laisser leurs cœurs sur le bateau ; ils sifflotent de joyeux airs de chasse et marchent sur les longues traînes sans plus de façon que sur la paille de leurs écuries.

Autres types.

Les marchands juifs, toujours à l'affût d'une affaire, sont habiles à démêler, sur la mise et la physionomie des passagers, quels sont les favoris de la fortune. Souples à l'excès en face des grands, ils se montrent, avec les simples mortels, rogues jusqu'à l'insolence. Comme des renards épiant leur proie, ils s'informent prudemment si les gentlemen dont ils couvent des yeux le portefeuille sont joueurs ou esclaves de quelque autre passion.

Chose caractéristique, on a élevé en Orient la qualité de pisteur juif à la hauteur d'une institution. Une société de ces personnages s'est organisée dans les grands centres d'embarquement pour prendre les paquebots, y rencontrer d'opulents étrangers, les suivre et finir par en faire leurs dupes. Que de fils de famille et même d'hommes mûrs ont été victimes de ces crocodiles d'un nouveau genre! Ajoutons, et c'est profondément triste, que cette association infâme réussit et prospère.

A côté de ces spéculateurs des passions humaines, nous avions à bord un groupe d'hommes fort distingués; à leur tête était naturellement placé le comte de C., mon ami,

Nous avions encore plusieurs peintres italiens, français, hollandais, qui allaient faire des études dans les régions trop inconnues de l'Orient. Quelques-uns d'entre eux nous ont plus d'une fois divertis par leurs saillies et par de spirituelles « charges » dont les matelots et surtout les juifs plus haut mentionnés fournissaient tous les frais.

VI

Pour charmer nos loisirs dès cette deuxième journée, le comte de C., parfait *dilettante*, avait organisé un petit concert au profit d'une famille chrétienne obligée d'émigrer en Égypte. Il s'était assuré le concours d'une femme distinguée, pianiste de premier ordre, bien connue dans la colonie de Terre-Plein, à Suez.

Dans cette soirée tout le monde était à la musique. Nul ne songeait aux rafales qui commençaient à secouer le *Siméla*. Comme pour accompagner d'une harmonie sévère les mélodies qui nous charmaient, le vent mugissait sourdement dans les cordages.

Bientôt le roulis interrompit le concert ; voulant jouir à ce moment du spectacle grandiose que la mer devait offrir, j'étais monté sur le pont. Le spectacle n'était pas celui que j'attendais. Un calme se fit; puis presque aussitôt des grondements sortirent menaçants comme des profondeurs de l'abîme. Ce fut un crépitement des vagues qui bientôt se soulevèrent comme de petites montagnes. L'ouragan était sur nous.

Depuis quelque temps l'officier de quart regardait les nuages. Il était devenu fort inquiet. Pendant qu'il communiquait au capitaine l'impression qui s'était emparée de lui, la mer, semblable au bitume en ébullition, laissait échapper d'âcres senteurs; les mouettes interrompaient leur tourbillon autour de la misaine et venaient effleurer l'écume phosphorescente.

On vit les nuages se confondre avec les vagues et se teindre d'un rouge de sang, qui ajoutait à l'horreur du tableau. Du couchant apparut une cataracte de feu, qui, éclatant comme le cratère d'un volcan, illumina un instant tout le ciel et s'éteignit en des millions d'étincelles. On put craindre que le bâtiment ne disparût dans cet immense embrasement. Mais ce n'était que le début de la plus épouvantable tempête.

La foudre, sans éclairs, sans interruption, éclatait avec une violence inouïe. Moi qui n'avais jamais fait deux lieues en mer, j'eus besoin de faire appel à ce sentiment de profonde et religieuse confiance que j'avais puisé récemment sous la main bénissante du vénéré Pontife. Ce souvenir, les paroles inspirées du saint vieillard, me rendirent le calme et l'énergie nécessaires.

Tous les passagers s'étaient réunis au salon. Les malades seuls avec leurs gardes restèrent dans les cabines. Le capitaine, un vieux loup de mer, qui s'était rarement trouvé à pareille fête, prend le commandement. D'une voix tonnante il enjoint une première manœuvre. On ferme les sabords. Toutes les mesures sont prises avec un ensemble et une rapidité qui tiennent du prodige.

On voyait les mères serrer dans leurs bras les enfants éperdus. Deux fiancés, pâles comme un linceul, avaient les mains enlacées et se faisaient les adieux les plus déchirants. Les indifférents, les sceptiques, trouvaient du cœur, se rapprochaient, offrant à chacun aide et assistance, eux qui l'instant d'avant se coudoyaient sans s'accorder un regard.

Cependant, le maître timonnier, digne auxiliaire du capitaine, appelle par leur nom et de toute la force de ses poumons quelques matelots, bien connus de lui comme des hommes éprouvés : il venait de trouver un poste dangereux à leur confier.

L'ouragan redoublait de furie. La robuste charpente du *Siméla* était heureusement capable de nous rassurer ; un vapeur plus léger eût été brisé dès la première heure.

A un moment l'effroi des passagers s'accrut au bruit de deux coups de canon qu'on put distinguer au milieu du déchaînement de l'ouragan. C'était un voilier en perdition qui faisait un suprême signal d'alarme, et qui en effet périt corps et biens dans ces parages.

Le capitaine trouva le moment d'adresser aux passagers quelques mots d'encouragement. Quant à eux, cramponnés aux mains-courantes, ils avaient oublié le mal de mer, oublié tout au monde, n'obéissant plus qu'à l'instinct de la conservation.

Un coup de vent aussi redoutable qu'une trombe s'abattit sur le steamer et le coucha sur le côté. Ce fut un cri d'effroi général. L'instant était horrible.

« Larguez tous les canots ! » s'écrie le commandant, et le second du navire compta d'un coup d'œil les personnes qui devaient être sauvées les premières.

Le *Siméla* craquait sous l'effort du vent, l'anxiété se peignait sur tous les visages, les mains crispées se tendaient vers le ciel ; les lèvres murmuraient une ardente prière ; les plus impies retrouvaient dans leur cœur le nom de Vierge Marie ; personne ne doutait qu'on ne fût arrivé à la dernière heure.

Quelque chose pourtant vient encore aggraver la situation. Une grêle formidable mêlée aux vents et aux tonnerres atteignait les malheureux et retentissait avec un bruit sinistre sur le carène, comme les pelletées de terre sur un cercueil.

Le salon ressemblait, à la lettre, au vestibule d'un tombeau.

C'est alors que, soulevés tout d'un coup avec le navire, nous nous sentîmes comme précipités dans un abîme : une vague énorme envahissait le paquebot, et du même coup emportait plusieurs des embarcations ; quelle terreur alors quel irrémédiable danger !

Un homme cependant, un seul homme, au port distinbué, restait impassible. Il priait. Sa main serrait un divin talisman, la croix, signe de notre salut et vénérable même pour nos frères égarés dans la foi.

A cette croix était attachée une médaille de la mère de Dieu, souvenir béni et donné par la main du souverain Pontife. Le noble Lyonnais parut au milieu de cette foule désespérée comme un messager céleste. Quelques-unes de ses pieuses paroles suffirent pour ranimer tous ces cœurs abattus : une étincelle électrique n'a pas d'effet plus instantané.

Les alternatives de crainte et d'espérance parurent interminables. La nuit entière se passa dans cette effroyable tempête. Le *Siméla* sous l'action de tels vents fournissait une course vertigineuse. Les premières lueurs du jour apparurent enfin et amenèrent quelque répit.

Peu d'instants après la grosse cloche du navire se faisait entendre. On s'interroge : Qu'y a-t-il donc? Nos maux pourraient-ils s'aggraver en quelque chose?

Non. C'était une bonne nouvelle : Alexandrie était en vue!

Tous les passagers poussèrent une joyeuse clameur. Les matelots eux-mêmes rendaient grâce à Dieu. Il fallut bien soutenir longtemps encore la lutte contre les flots irrités. Le bâtiment était à demi désemparé. Mais enfin, un vapeur put nous remorquer jusqu'au milieu du port. Là, une quarantaine de trois jours seulement nous fut imposée.

VII

Quel lamentable spectacle s'offrit à nous! La mer nous avait épargnés; mais que de victimes, que de débris autour de nous et sur la côte! Toute la population s'était portée sur les quais; elle assistait impuissante au spectacle navrant de tant de désastres. Ce n'était qu'épaves de navires de toute nationalité; c'étaient des marchandises, des cadavres, des débris de toute sorte.

La mer était encore si mauvaise, et les flots s'élançaient avec tant de furie jusqu'au-dessus de la douane, que le port n'offrait pas de sûreté.

Une bourrasque nouvelle rompit à l'improviste les chaînes d'un trois-mâts. Il fallut se hâter de mettre à la mer toutes les embarcations. On fut heureux d'abandonner ce navire. En quelques minutes il était précipité sur les enrochements du port et fendu comme par la hache d'un Cyclope.

D'impitoyales rafales avaient jeté une barque en pleine mer : elle disparut dans l'abîme.

Brisés par une longue nuit d'émotions, nous passâmes encore cette journée dans de continuelles anxiétés sur des infortunes plus grandes que les nôtres. Vers le soir seulement la tempête s'apaisa tout à fait. Le lendemain, après un pénible sommeil, nous vîmes le port encombré des navires qui avaient pu y trouver un refuge, et venaint y réparer leurs avaries.

VIII

J'avais besoin de secouer les sinistres images de la veille. Je montai sur le pont et me mis avec ardeur au travail intellectuel, qui seul pouvait faire une utile diversion à mes poignantes émotions. L'histoire de l'Égypte se déroula devant moi pendant les deux jours qui m'étaient donnés avant d'y commencer mes excursions.

On sait que cette contrée antique et mystérieuse est à sa partie supérieure une vallée resserrée entre les hautes montagnes. Cette vallée va s'élargissant vers le nord : elle forme au Nil, qui fait toute sa richesse, comme un lit immense jusqu'à la Méditerranée. Cette plaine n'avait, sous les premiers Pharaons, ni la largeur ni la fécondité qui depuis lui ont donné la plus riche agriculture du monde. Ce sont les inondations régulières, les alluvions incessantes du Nil qui ont formé le fameux Delta, qui est à proprement parler toute l'Égypte, et qui, dans les années de disette pouvait être considéré comme le grenier de l'univers ancien.

Ces crues du grand fleuve se font sans aucun ravage ; elles sont prévues, attendues et favorisées par l'industrie des habitants, qui de toute antiquité les célébraient par des fêtes solennelles.

Des canaux d'irrigation portaient au loin le bienfait de la fécondité répandue sur les bords du Nil et suppléaient à l'absence presque totale des pluies dans cette région. La rosée de chaque nuit d'ailleurs donne au pays la fraîcheur et et la salubrité dont il manquerait sous sa latitude.

Pendant de longs siècles les notions sur la partie méridionale de l'Égypte, l'Éthiopie et surtout le cours du Nil supérieur, étaient inconnues ou incertaines. On sait aujourd'hui que ce fleuve extraordinaire a deux larges branches qui se réunissent à Kartoum.

L'une de ces branches s'appelle le Nil Bleu, à cause de la limpidité de ses eaux. L'autre branche, le Nil Blanc, est celle qui fait la fécondité de l'Égypte.

Pendant de longs siècles les sources de ce fleuve étaient un mystère pour la science des géographes illustres comme Ptolémée, Strabon, de graves historiens comme Hérodote, Pline l'Ancien et Tacite; des génies comme Alexandre et César, ont désiré d'avoir à ce sujet quelque notion positive; mais, jusqu'à nos jours ce qu'on en savait consistait en récits exagérés par des aventuriers en amplifications de la fantaisie, en renseignements vagues et contradictoires.

Il était reservé à des voyageurs passionnés pour la

science géographique de notre époque, les Gessi, les Grand, les Cameron, Livingstone surtout avec tant d'autres, de faire la lumière sur cette grande question : il ne fallait pas moins que l'héroïsme de ce dernier pour braver les dangers inséparables d'une expédition au milieu de populations aussi dangereuses que les bêtes fauves, à travers l'inconnu, sous les chaleurs intolérables d'une zone torride.

Il est enfin acquis à la science que le Nil Blanc ou Bahr el Abiad a sa source dans les hauts plateaux de l'Abyssinie, au delà du lac Dembéah. Il traverse ce vaste marécage, puis forme à Alata une cataracte devant laquelle on pourrait s'extasier si l'on ne connaissait pas celle de Niagara. Plus tard, le Nil franchit des gorges de montagnes par trois autres chutes qui rendent son cours aussi pittoresque que difficile à suivre. Enfin il débouche par la grande vallée de Sennaar dans celle qui fait toute l'Égypte, et cela non sans se grossir de nombreux affluents.

La cause des crues si merveilleuses et si régulières de ce fleuve est dans les pluies qui inondent les plaines et font déborder les lacs qui sont les réservoirs du Bahr el Abiad. Son cours, accidenté et souvent rapide comme un torrent, entraîne une masse de débris végétaux et même animaux; il détrempe sur ses bords des terrains d'une richesse inouïe et en forme ce limon qui, trituré et roulé pendant près de 2,000 lieues, se dépose doucement dans toutes les parties de l'Égypte.

L'eau du Nil, filtrée, est des plus agréables au goût. Légère, apéritive, incomparable pour l'industrie, elle en fait le premier fleuve du monde. Qui oserait maintenant accuser le peuple égyptien d'avoir égaré ses adorations lorsqu'il les adressait à la divinité du Nil, dans cette terre où l'on péchait par excès de religion, et où « tout était dieu excepté Dieu lui-même? »

Nombreuses furent les vicissitudes de la vieille Égypte. On sait à quelle fabuleuse antiquité ses historiens ont prétendu faire remonter ses dynasties et sa civilisation.

Après Alexandre, les Lagides et les Séleucides, la domination romaine commença pour cette nation, autrefois une des premières du monde, l'ère de la décadence. Les Arabes ensuite ont passé par là ; ce sont eux qui ont consommé l'œuvre de destruction, d'avilissement et d'esclavage. Les Turcs ont été naturellement les dignes continuateurs de cette œuvre.

Cette opulente contrée sommeillait comme ses antiques momies, lorsque l'esprit français y pénétra sous la conduite du jeune et déjà illustre Bonaparte.

Sous l'impulsion de ce puissant génie, l'Égypte sortit de son tombeau et des mystères de son passé. Son histoire, gravée sur ses vieux monuments, put revivre pour nous.

Champollion sut faire parler les hiéroglyphes et nous pûmes, grâce à lui, épeler ce langage énigmatique et ressusciter les annales pharaoniques. Instruits par ses leçons, les savants de l'univers veulent voir l'Égypte ; ils ne passent plus indifférents ou perplexes devant ses impérissables monuments.

Qui n'a lu les pages qu'à Sainte-Hélène Napoléon dicta sur ce pays? Administrée par ce génie organisateur, cette nation aurait vite reconquis son ancienne splendeur.

Toutefois, l'impulsion était donnée. Sous la direction éclairée de Méhémet-Ali et de ses successeurs, le mouvement a suivi son cours.

Vint de nos jours un Français énergique qui, en perçant l'isthme de Suez, a fait de la terre des Pharaons la clef des grandes Indes.

Qui sait si bientôt les puissants du monde moderne ne vont pas se ruer sur elle pour s'assurer l'empire?

IX

Après avoir indiqué les grandes lignes de l'histoire égyptienne et vanté ce beau pays, nous devons être juste et dire ici quelques mots de ses désavantages, surtout pour les voyageurs européens.

La chaleur y est d'une intensité redoutable pendant le jour, tandis que la fraîcheur subite des nuits forme un contraste plus dangereux encore. De minutieuses précautions sont indispensables aux étrangers originaires du Nord:

ils ne sauraient s'acclimater sur les bords du Nil qu'à la deuxième ou à la troisième génération.

Que de fois on a vu le terrible vent du désert soulever les tourbillons d'une âpre poussière fatale aux voies respiratoires et mortelles pour la vue ! Aussi rien de plus ordinaire que les ophtalmies endémiques, même pour ceux qui sont nés Égyptiens.

Le voyageur donc, s'il tient à faire au pays des ruines de longues excursions, doit préférer l'hiver à toute autre saison ; il doit s'entourer du confortable, qui est ici non pas le luxe, mais la nécessité; enfin il doit être sobre, et fort, et sage, et riche des biens de l'esprit plus encore que de la fortune : à ces conditions il rapportera les souvenirs les plus ravissants.

Ce pays, en effet, est bien pour l'érudit, pour le peintre et pour le poète, la mine la plus féconde de l'univers.

Grâce aux progrès incessants de l'égyptologie, on sait aujourd'hui que la terre des sphinx fut le vrai berceau des civilisations antiques. Les dynasties pharaoniques, dont l'origine se perdait dans les mystérieuses profondeurs des siècles, sont maintenant mieux connues : leur sang est celui des races asiatiques les plus intelligentes et les plus industrieuses.

N'est-ce pas d'ailleurs cette vieille terre d'Asie que la main de Dieu a choisie pour pétrir le premier homme, le plus parfait de tous ? N'est-ce pas cette race qui, par l'Égypte, a donné aux Juifs leur premier sauveur Moïse ? Et le Sauveur de l'humanité entière, n'est-ce pas encore à l'Asie qu'il donna la loi nouvelle? N'est-ce pas de ce foyer qu'il fait rayonner sa lumière sur tous les pays et sur tous les siècles? Mais reprenons l'histoire de l'Égypte.

Les rois pasteurs ou pharaons avaient des sujets pasteurs, agriculteurs; ils en firent facilement les plus riches du monde, et, dans les moyens si simples et si puissants d'arriver à ce résultat, notre pays, même au XIXe siècle, aurait de bonnes leçons à demander à ce peuple et à ces rois.

Cependant les Pharaons ne furent pas les premiers à la tête de l'Égypte; elle eut son enfance, elle eut sa théocratie, et les prêtres ont été longtemps ses instituteurs et ses seuls administrateurs : à eux l'intelligence, la direction et la loi; aux soldats la discipline, la force, la protection; à la masse du peuple le travail et la production.

Telles sont les trois castes des premiers siècles.

Les dynasties qui vinrent ensuite changèrent peu le fond de l'esprit national. Ménès, redoutable chef militaire, en reléguant les prêtres dans leurs temples, fut loin d'annuler leur influence; il ne fit que la restreindre dans de justes limites. C'est à ce premier monarque et à son fils Athothis que la grande capitale Memphis doit sa fondation.

Ce prince n'est pas encore des mieux connus; mais chaque jour les fouilles dirigées par les savants européens font de nouvelles révélations. Les parvis des temples n'ont pas une pierre muette; leurs murailles rendent à la vie des personnages oubliés et surtout les rois; nous revoyons leurs traits, leurs actions mémorables, leur vie privée et jusqu'à leurs faiblesses. Les peintures murales sont aussi fraîches que si l'artiste venait de quitter le pinceau.

Remercions ici la munificence du vice-roi, et rendons hommage à la science de M. Mariette, notre compatriote: c'est grâce à eux qu'a été créé au Caire le Musée égyptien de Boulak.

La première liste authentique des rois que l'on possède a été dressée d'après les annales sacrées des temples, par le grand prêtre Manéthon [1] et sur l'ordre du second des Ptolémées; or ce précieux papyrus se trouve de nos jours à Turin, mais dans un état de délabrement que peut faire concevoir son antiquité : ce document a pu néanmoins confirmer l'exactitude des découvertes dues à Champollion; il a démontré sans réplique que la clef des hiéroglyphes nous a bien donné le mot de tant d'énigmes historiques.

Quelques érudits de la libre pensée avaient trouvé bien ingénieux, dans ces derniers temps, de nier ou défigurer les récits de la Bible relativement à l'Égypte. Ils ne voulaient voir là que des mythes et de pieuses légendes ; mais voici que nos égyptologues les plus sérieux et les moins

[1] Manéthon, gardien des archives, avait fait une Histoire générale d'Égypte, qui est perdue : c'est là une perte irréparable; on n'en connaît que quelques fragments cités par d'anciens auteurs.

catholiques, à mesure qu'ils avancent d'un pas plus sûr dans l'interprétation des hiéroglyphes, y trouvent précisément des affirmations identiques à celles de l'*Exode*.

Avec quel plaisir ne lit-on pas sur ces gravures sacrées mais païennes cette admirable histoire de Joseph, quand on se rappelle les douces larmes qu'elle a fait verser à l'enfant qui l'a épelée sur les genoux de sa mère!

Oui, ce grand fait, le passage en Égypte des fils de Jacob, la servitude de leurs descendants, se retrouve avec ses détails. Au nom de Joseph s'attache une date précise, celle de 1750; c'était sous la dynastie des Hyxos qui avaient repoussé de la Basse-Égypte les Pharaons de race nationale.

Les immenses travaux dirigés par Joseph, et ses savantes irrigations qui quadruplèrent les récoltes, et les vastes silos creusés pour conserver de tels trésors, magasins modèles encore pour nos modernes agronomes, et ses réformes administratives, et sa prudente législation, et la pure morale qu'il apportait, et ses magnifiques exemples qu'on s'honorait de suivre : tout est consigné, justifié avec autant de précision que de reconnaissance.

C'était l'époque de la vraie splendeur égyptienne. C'est depuis lors que les peuples voisins, les plus lointains même, s'étaient accoutumés à compter sur l'abondance de ce grenier des nations. Avec quelle joie n'apportait-on pas dans cette terre fertile les divers produits du monde connu des anciens, les parfums, les tissus précieux, la soie et la pourpre, les diamants, avec tous les objets de l'industrie asiatique, en échange du pain dont on manquait !

Grande leçon donnée à tous les siècles par ce vieux peuple laboureur, et dont ils ont surtout besoin ceux qui de nos jours n'estiment que les travaux et les idées de la cité manufacturière, ceux qui poursuivent une fausse liberté par l'oppression de la religion, ceux qui passent leur vie à préparer des armes pour asservir leurs voisins !

La France (pourquoi ne pas l'appeler par son nom ?) la France à qui Dieu n'a rien refusé, n'aurait-elle pas quelque profit à jeter aujourd'hui un coup d'œil sur ce peuple heureux d'une bonne et simple administration, riche par la culture des champs, tranquille sous la sauvegarde d'une religion même si loin du christianisme ? Ah quel modèle que ce peuple ! Combien, sous un tel régime, les ambitions de conquête, les éternelles velléités de revanche, tomberaient dans un juste mépris ! Et comme il serait beau de voir nos générations nouvelles avec toutes les richesses et les forces qui nous restent, réservées pour les luttes pacifiques du travail, pour les triomphes purement intellectuels et artistiques ! Voilà un but digne du premier peuple des temps modernes !

X

Revenons aux familles des rois pasteurs. Il y en eut deux. Elles gouvernèrent pendant plus de cinq siècles. A leur tour elles disparurent, mais leurs œuvres sont restées, et les traces de l'administration de Joseph en particulier sont à tout jamis ineffaçables.

La puissance égyptienne était à son apogée sous Ramsès II, l'illustre Sésostris, grand par ses conquêtes, plus grand par l'organisation qu'il sut perfectionner encore dans son empire, grand surtout par son administration pacifique. Les peuples n'étaient pas subjugués par ses armes, ils allaient au-devant d'un gouvernement sage, ferme, paternel : l'instinct populaire, en pareil cas, ne se trompe jamais.

C'est sous Ménephthès, son successeur, que parut Moïse, et que vers 1321 ce dernier conduisit l'exode du peuple juif. On sait les phases émouvantes et merveilleuses de cette fuite à travers les flots de la mer Rouge.

Encore ici les récentes découvertes affirment avec la Bible ce fait extraordinaire : plus la science incrédule s'efforce d'en fournir une explication naturelle, plus elle patauge dans l'absurde et la contradiction.

Sous les rois de la vingtième dynastie (car il y a en

Égypte beaucoup de dynasties) comme sous ceux de la vingt et unième et de la vingt-deuxième, ce pays vit encore des jours beaux et glorieux; l'antique Thèbes se couvrit de temples et de palais qui lui valurent son nom d'*Hécatonpyle*, aux cent portes.

Puis vinrent les révolutions, les revers, la décadence.

L'éclat jeté par ce grand empire n'est plus que passager; quelques Pharaons seuls marchent sur les traces des antiques pasteurs.

On voit un Sasank nommé Sésac dans la Bible ravager en 965 la ville de Jérusalem.

De nouveaux et grandioses monuments furent commencés; mais rien de complet, rien qui s'achève, sinon la gloire et la domination égyptienne. Les peuples s'en vont. C'est la fin qui arrive.

Le cruel et vindicatif Cambyse en 527 porta le coup le plus funeste à la grandeur des Égyptiens. Quelque temps il épargna les merveilles pharaoniques; mais une ou deux provinces osent se soulever contre le despote; alors sa rage commence une vengeance digne de lui : tous les habitants massacrés, tout ce que la force humaine peut atteindre anéanti, temples détruits, palais incendiés, statues brisées, le désert enfin et la mort là où régnait la vie et la prospérité, voilà comment on rappela aux Égyptiens que leurs ancêtres avaient été les conquérants de la Perse.

Ce furent donc dès lors à des rois persans qu'obéit ce qui resta de l'Égypte pendant près d'un siècle. Refoulée chez elle, cette dynastie étrangère revint encore. Il fallut à la terre des Pharaons l'apparition d'un conquérant aussi magnanime qu'ils peuvent l'être, d'Alexandre, pour retrouver quelque vie. La destruction de Tyr inaugura cette ère nouvelle.

Les Tyriens s'étaient trompés sur la puissance du jeune conquérant, sur la générosité de son caractère et sur la force de sa volonté : le fils de Philippe, déjà vainqueur de Darius, s'offensa de leur insolence ; il jura par Hercule d'anéantir ce peuple corrompu. Toutes les ressources de son génie militaire furent consacrées à abattre la puissante reine des mers.

Tyr bientôt n'était plus qu'un vaste monceau de débris fumants. Ses richesses, qui dépassaient au centuple celles des cités les plus opulentes de l'Orient et de l'Inde, étaient amoncelées sur des flottes entières, puis chargées sur des centaines de chariots.

L'immensité et la richesse de ces dépouilles confond l'imagination. C'est que depuis des siècles Tyr était la maîtresse des mers et du négoce du monde. Un seul de ses commerçants possédait de nombreuses galères ; un seul de ses citoyens était plus riche que de puissants monarques.

XI

C'est après l'épouvantable châtiment infligé à cette cité qu'Alexandre vint débarquer en Égypte avec tous ses trésors.

Frappé de la situation du bourg de Rhakatis, où il avait planté ses tentes, il eut la plus heureuse idée de sa vie, celle d'y bâtir une ville qui fît oublier Tyr, et où il pût déployer avec tout le goût, la science et l'art des Grecs, les splendeurs et les merveilles orientales.

Le coup d'œil du grand capitaine avait deviné la nouvelle reine des mers, la vraie capitale du vaste empire qu'il convoitait.

En effet, la profondeur, les amples proportions et la sûreté du port qui devait immortaliser le nom d'Alexandre rendraient cette cité accessible aux flottes les plus nombreuses; sa situation géographique en ferait le centre du monde connu. Les caravanes y accourraient du fond de l'Orient; le Nil la relierait au centre de l'Afrique; par le canal des Pharaons réparé elle régnerait sur la mer Rouge et les peuples inconnus dont cette mer était la route, comme elle régnerait par la nature même des choses sur la Méditerranée et l'Occident.

Telle était la conception de l'illustre conquérant. Pourquoi n'a-t-il pas vécu? Rien ne flattait son orgueil comme d'avoir sa métropole sur cette mystérieuse terre des Pharaons, où déjà s'élevaient la ville aux cent portes et les tombeaux des pyramides.

Le projet une fois arrêté fut suivi de près par l'exécution.

Alexandre fortifie l'île de Pharos située tout près des deux rades; il creuse un canal pour amener l'eau douce aux ouvriers; tout se prépare avec une activité inouïe : au retour de ses expéditions nouvelles le grand homme devait trouver la cité toute bâtie, sous la direction supérieure de son architecte Dinocharès.

Les augures, sans lesquels on n'entreprenait jamais rien, prédisaient à Alexandre les hautes destinées de son œuvre; lui-même pressentait qu'elle effacerait Babylone, Memphis et Thèbes : avec quel ardent enthousiasme il traça lui-même l'enceinte de sa ville! avec quelle profusion princière il multiplia les magnificences pour frapper l'imagination comme les yeux de ses nouveaux sujets!

Précisément alors le fils d'Olympias qui se prétendait fils de Jupiter, partit en grande pompe pour l'oasis de Nitrie où la fameux oracle de Jupiter Ammon se faisait entendre : il voulait recevoir là une solennelle consécration de sa gloire.

Escorté de ses plus belles légions, il s'embarque sur le Nil, reçoit au passage et sans verser une goutte de sang les clefs de Memphis accompagnées de merveilleux présents, chefs-d'œuvre de l'art égyptien. Il emportait le trésor de Darius, le trône des Pharaons, les ornements de la pourpre tyrienne. On l'acclamait en sauveur et en roi; aussi laissa-t-il volontiers aux populations leurs lois et leurs usages; loin de les traiter en peuple conquis, il honorait leurs traditions laborieuses et leur agriculture, il partageait leur respect pour la religion et leur amour des lettres : il mettait le plus grand prix à leur estime et promit de dormir son dernier sommeil auprès des Pharaons.

Les prêtres, reconnaissant l'éclat et la gloire nouvelle qu'un pareil génie pouvait jeter sur leur pays, s'empressèrent de prévenir le jeune héros des dangers auxquels il s'exposait en traversant l'affreux désert qui le séparait du grand oracle ; mais rien ne put l'arrêter, il eût livré vingt batailles plutôt que de reculer.

XII

On n'avait pas exagéré : les légions, selon le récit de Quinte Curce, marchaient étendards déployés ; mais les plalanges, plus serrées, ne pouvaient les suivre ; c'était du feu qu'on respirait; la langue desséchée et gonflée s'attachait au palais.

Le sable, dans cette région torride, calcinait les chaussures et se dérobait sous les pieds comme de la cendre; on y enfonçait jusqu'aux genoux. Une soif ardente brûlait la gorge du soldat; impossible de dire un mot, impossible de boire : la chaleur avait corrompu l'eau des outres. On n'avançait que lentement; un silence de mort régnait dans les rangs de l'armée.

A sa tête le roi ne se plaignait pas. De temps à autre, pour relever le moral, il avait un geste d'autorité et de confiance en montrant le chemin à finir. Mais les tortures devinrent telles que les soldats préféraient la mort à l'obéissance.

Ils s'arrêtèrent.

Alexandre revint se placer au milieu d'eux. Lui non plus ne pouvait prononcer une parole : il montre sa langue tuméfiée et toute noire; d'un geste sublime il étend son bras vers le ciel et va reprendre son poste périlleux.

Par un effort désespéré tous le suivent malgré l'incertitude de la route : le courage était revenu.

Tout à coup on crut voir un signe de la protection des dieux : une troupe de corbeaux apparurent et se mirent à voltiger autour de la tête du roi, puis, disposés en longue file, ils prirent leur vol devant Alexandre. L'armée suit pleine d'enthousiasme et lève les bras pour remercier Jupiter.

Peu après la noire colonne prend un vol plus rapide et disparaît derrière une colline de sable. Les troupes électrisées ont bientôt gravi cette colline : la chaleur n'avait jamais atteint une intensité plus intolérable.

Sans transition l'on se trouvait dans la plus ravissante oasis; c'était la terre privilégiée où résidait l'oracle. Tous s'y précipitent; mais malgré les ardeurs indicibles de leur soif, nul n'ose boire avant l'ordre du roi, qui le fait sagement attendre.

Des fruits rafraîchissants, une eau pure et abondante, tous les ménagements de la modération remirent peu à peu les soldats de ces fatigues inouïes. Pas un seul ne tomba malade.

L'oasis était plantée de palmiers, de gigantesques acacias aux feuilles dentelées, à l'ombre bienfaisante; une foule d'arbrisseaux et de plantes y répandaient une senteur agréable. Des sources jaillissaient de toute part avec un doux murmure, répandaient la fraîcheur sur leur passage et faisaient de ce lieu enchanteur un printemps perpétuel.

Un temple digne du dieu s'élevait au centre de l'oasis, dans une charmante vallée ; il était comme perdu dans un fouillis de luxuriante verdure.

Avant de paraître devant l'oracle Alexandre voulait se purifier : il se rend au bois d'Ammon; ses officiers et ses soldats entouraient le vaste bassin de la fontaine du Soleil, dont l'eau douée de précieuses vertus, devenait chaude la nuit, pour reprendre le jour sa température ordinaire.

Pendant l'ablution les prêtres offraient un sacrifice au dieu. Lorsque l'eau mystérieuse eut purifié et fortifié les membres du prince, de fidèles serviteurs vinrent éponger et parfumer son corps; puis, pour la première fois les prêtres macédoniens remplacèrent les serviteurs de haute lignée, pour revêtir de la robe de pourpre le futur maître du monde.

Quand les généraux, les familiers et la foule des soldats se furent purifiés à leur tour, les augures placèrent la couronne des Pharaons sur le front du conquérant.

Avec le cérémonial le plus imposant qu'aient jamais pu voir ces Grecs le grand prêtre sortit du temple au-devant d'Alexandre et le salua du nom de « fils de Jupiter » en lui donnant l'accolade sacrée.

L'orgueil gonflait le cœur du jeune monarque. S'approchant du vaisseau d'or qui contenait le dieu, il ne courba point son front devant lui. L'oracle alors inspire le grand prêtre qui par ordre du dieu donne à Alexandre le nom de « son fils. — Et moi, dit celui-ci en s'inclinant, je reconnais mon père, et je le salue comme tel.

— Fils de Jupiter, s'écrie le prêtre, ton père du ciel te donne l'empire du monde. Sois clément envers les peuples qui reconnaîtront ta domination, et magnanime envers ceux que devra soumettre ton épée. Tu seras invincible jusqu'à l'heure où les dieux doivent t'appeler à partager dans l'Olympe leur gloire et leur immortalité. »

Les courtisans, peuple imitateur du maître, consultèrent aussi l'oracle ; il lui demandèrent s'il leur était permis de rendre au fils de Jupiter les honneurs divins dès le séjour terrestre.

« Les dieux seront satisfaits », répondit la voix prophétique.

Un autel aussitôt fut dressé en l'honneur du fils de Jupiter Ammon. Des victimes furent sacrifiées et l'encens brûla pour la première fois à la face d'un vivant.

L'ambition du nouveau dieu n'en pouvait espérer davantage. Il fit au temple et aux prêtres des présents dignes de lui.

Les Ammoniens (habitants de l'oasis) eurent une large part aux libéralités de l'heureux conquérant.

XIII

Après quelques jours d'un repos plein de charmes, les phalanges, sous la conduite de deux prêtres, revinrent par une autre route au camp général.

Alexandre, passionné pour l'antiquité et qui préférait désormais l'Égypte à toute autre terre, eût bien voulu en visiter toutes les merveilles. Mais il apprit que Darius réunissait de nouvelles armées pour lui barrer le chemin des grandes Indes : aussitôt le démon des combats lui fait oublier tout le reste : il se dirige sur Alexandrie pour voler ensuite contre les Perses.

Selon ses ordres tout devait être prêt à son retour pour célébrer avec une pompe inusitée la fondation de la nouvelle ville.

Divinement proclamé fils de Jupiter, il voulait se hâter d'affirmer officiellement le nouveau rang qu'il entendait prendre à la face de l'univers. Il fit venir des architectes égyptiens, grecs, syriens, persans, afin que du concours de tant d'efforts réunis pût sortir une cité qui rassemblât le génie des divers peuples.

L'or monnayé pris à Darius grâce à la lâcheté du traître auquel il avait été confié dans l'imprenable Damas, s'élevait à des sommes fabuleuses. Cet or suffisait amplement à la solde des innombrables légions, au payement d'une armée d'ouvriers, à l'acquisition des plus riches matériaux. Les dépouilles de l'univers avaient leur destination naturelle dans l'ornementation des temples et des palais, dans l'ameublement des plus riches demeures, et l'utilité de toutes les industries.

Non seulement les trésors de Darius, mais ceux des princes, des gouverneurs, des grands de l'empire, avaient été saisis; puis les bijoux des reines déchues, des femmes, filles ou concubines de tous les dignitaires de l'État.

Qu'on y ajoute l'immense butin de Tyr, on n'aura qu'une faible idée des richesses accumulées alors dans la vieille Égypte.

Une tente magnifique, véritable palais, avait été élevée sur le bord du lac Maréotis. Tout autour se dressaient des mâts peints de diverses couleurs, ornés de banderoles, de boucliers et de casques tyriens. A l'entrée principale, des cuirasses enrichies d'or et de pierreries, qui avaient décoré la porte d'honneur de la ville des Tyriens, attestaient leur opulence.

XIV

Le grand jour enfin était venu.

C'était en 331 avant notre ère.

Le soleil se lève splendide comme pour faire une auréole au front du jeune conquérant. Des milliers de phalanges sont sous les armes avec des parures inaccoutumées. Alexandre savait quel prix attachent les Orientaux à l'appareil extérieur. Les armes de ses soldats resplendissaient sous l'or et l'argent, comme leurs habits sous les pierres précieuses et les éblouissantes couleurs.

Telle était l'armée que les chefs rangèrent en bataille.

Les flottes de galères macédoniennes et grecques et celle des îles de la Méditerranée étaient aussi en ordre de combat toutes pavoisées de leurs couleurs nationales. Au premier rang les navires tyriens frappaient les yeux par leurs dorures et leurs voiles éclatantes de pourpre.

Alexandre sort de sa tente le front ceint d'une couronne de pourpre nuancée de blanc; c'était celle des rois de Perse. Confiant dans la promesse des dieux non moins que dans son génie guerrier, il se regardait à l'avance comme le maître de ce puissant empire.

Entouré d'une cour de princes et d'une escorte de généraux, il était suivi de sa garde particulière et d'une phalange invincible qui fermait la marche.

A sa vue les soldats poussent une immense clameur en élevant leurs lances.

Le roi en effet ressemblait à un dieu, lorsqu'il parcourait tous les rangs de ses troupes monté sur Bucéphale, le coursier que lui seul avait pu dompter. Bientôt il s'approche des trois autels dressés dans le camp; il rend successivement hommage à Jupiter Ammon, à Hercule et à Phta, dieu égyptien de la lumière (il tenait spécialement à honorer cette dernière divinité); enfin il s'assoit sur le trône national que les Égyptiens lui avaient préparé.

Le chef des augures, une branche de verveine à la main gauche, s'inclina trois fois devant « le maître du monde. » Celui-ci abaissa son sceptre du haut du trône pharaonique et les sacrifices commencèrent.

Autour de ce trône se tenaient Parménion avec Philotas son fils, Polysperchon, Nicanor, Méléagre, Lysimaque, Crater, Amyntas et le jeune Ptolémée qui, devenu plus tard un illustre guerrier, régna sur l'Égypte et lui rendit un lustre depuis longtemps oublié.

Les parfums brûlaient près des victimes; les vierges du temple faisaient fumer l'encens aux pieds du fils de Jupiter, les mages chantaient en son honneur des hymnes de triomphe et de paix, pendant que les prêtres égyptiens consignaient sur leurs tablettes ces solennelles cérémonies : le récit devait en être gravé sur les colonnes du temple magnifique qui allait être consacré au nouveau dieu dans la ville dont il inaugurait le berceau.

Les présages les plus favorables à cette cité comme à son fondateur ne tardèrent pas à sortir des entrailles consultées. Radieux alors et se croyant déjà dans cette capitale du monde, Alexandre descend du trône, remonte à cheval et procède, selon la coutume macédonienne, au tracé de la ville. Il tirait son épée pour indiquer les points principaux de la vaste enceinte, pendant que le frère de Darius tenait son étrier d'or, et que les architectes marquaient avec de la farine le sillon tracé par lui.

On vit peu après une multitude d'oiseaux s'abattre dans la plaine et manger cette farine : grande consternation aussitôt dans l'armée tout entière. Alexandre se hâte de réunir encore les augures et les devins. Or ceux-ci n'avaient vu dans la multitude de ces oiseaux que le présage de l'immense prospérité d'une capitale assez riche pour rassasier toutes les nations.

Cette explication rassura les esprits.

Le roi fit, à partir de ce jour, distribuer double solde avec des vivres en abondance pour toutes les légions.

Et tout cela n'était nullement par vaine ostentation de somptuosité. Le fils de Philippe tenait à affirmer aux yeux de ses généraux, de l'armée, de l'Égypte et du monde, les preuves réelles de sa puissance sur la terre et dans le ciel même. Il voulait, sur le berceau d'Alexandrie, faire oublier les ruines laissées ailleurs sous ses pas, effacer la pompe des autres conquérants, celle même que déploya Sémiramis pour fonder Babylone.

Dans sa pensée la nouvelle ville, dans un site exceptionnel au point de vue stratégique, commercial et géographique, devait prendre immédiatement le plus rapide essor.

Cette fête si fastueuse était d'ailleurs bien faite pour sourire à l'orgueil légitime d'un prince qui couronnait le monde de fleurs en le soumettant à ses lois. Ne nous lassons pas d'en suivre la description.

XV

Un festin avait été préparé dans toute l'étendue du camp. Les trompettes retentissent ; chacun se rallie autour d'Alexandre. Son regard d'aigle contemple un moment cette armée muette d'admiration; puis, surmontant une émotion passagère, il parle en ces termes :

« Soldats de Macédoine, et toi, phalange immortelle ! votre maître vous salue.

« Ici, sur cette terre des Pharaons, je fonde la métropole de l'univers que je vais conquérir. Qui oserait résister à ceux que commande le fils de Jupiter ?

« Nous dépasserons les colonnes d'Hercule; les rayons

de ma gloire couvriront toute la terre : c'est la volonté des dieux.

« Chacun de vous sera traité en prince et en roi; la terre sera donnée en récompense de vos exploits, et après vos nobles fatigues, vous vous enrichirez de ses dépouilles.

« Allez, vaillantes phalanges, au banquet qui vous attend; allez, légions invincibles, vous asseoir aux tables de votre roi. Que l'antique Égypte soit témoin de votre joie, qu'elle retentisse de vos chants d'allégresse; que l'amour réjouisse vos cœurs, et que les filles des rois vous tressent des couronnes! »

Une acclamation formidable sortit de toutes les poitrines pour répondre à ce discours. Ces cris prolongés et le choc des armes firent trembler la terre : c'était le salut à la divinité nouvelle.

Aussitôt commença le banquet. Les musiques guerrières, les danses joyeuses, les boucliers et les glaives frappés dans une cadence pacifique : toute cette puissante clameur emplissait au loin ces lieux accoutumés au silence.

Trois jours entiers régna la joie, la profusion, la magnificence; pour rassasier l'innombrable soldatesque on prodigua les mets les plus recherchés; on fit couler à flots les vins de Chypre, d'Argos, de Chio et du Liban dans les coupes ciselées de Memphis.

Le grand maître des irrigations du Nil avait fait jaillir de toutes parts des fontaines artificielles aussi fraîches que parfumées.

Les tentures des tissus de soie du fond de l'Asie, les draperies de la pourpre de Tyr, les gigantesques miroirs de Sidon, les lits dorés qui entouraient les tables; le prodigieux appareil du luxe oriental relevé encore par la présence des reines, des princesses, des filles nobles des provinces conquises : tout cela faisait de ce repas un perpétuel éblouissement.

Le maître du monde, au reste, avait constamment traité les femmes des vaincus avec la distinction due à leur rang. Il entendait honorer ses généraux par leur alliance, et élever ainsi jusqu'aux Macédoniens les peuples auxquels avaient commandé ces princesses.

Cependant vers la fin du banquet, grâce à l'abus des liqueurs glacées, les passions ne connaissaient plus de frein : on préludait ainsi aux scandales de Persépolis et de Babylone.

Il était temps d'y mettre un terme. Alexandre eut assez d'empire sur lui-même pour donner le signal qui terminait cette mémorable fête.

Et son souvenir même devait se de perpétuer jusqu'à nos jours. On en voit encore la tradition parmi des prêtres coptes de quelques familles aristocratiques.

XVI

Lorsque Alexandre leva le camp pour aller au-devant des nouvelles armées de Darius, il confia le gouvernement de l'Égypte au Rhodien Eschyle et au Macédonien Peuceste ; il leur adjoignit plusieurs hauts fonctionnaires, une foule d'hommes capables et d'artistes en tous genres, composée surtout de Grecs et de Tyriens.

On convia dans Alexandrie les habitants des villes détruites, en leur faisant d'avantageuses promesses qu'on était résolu à dépasser s'il était possible, et qui furent en effet grandement dépassées. Les marchands accoururent de toutes parts. Bientôt la nouvelle cité fut comme une autre Tyr.

Toutes les corporations luttèrent d'ardeur ; sous la direction des architectes chacune choisit et éleva son quartier selon les exigences diverses de l'industrie, du commerce ou de l'art qui lui étaient propres ; mais l'alignement était partout respecté.

Ainsi la ville industrielle et commerciale fut rapidement édifiée ; quant aux quartiers de la noblesse et des grands, on les termina plus à loisir.

Le voisinage du lac et du Nil ne faisait pas seulement de ce site l'un des plus agréables du monde, mais de plus il favorisait l'établissement des fontaines, des bains et des lavoirs publics. Enfin rien ne fut négligé de ce qui peut faire l'utilité et le charme de la vie.

Quelque temps après, Alexandre avait achevé de vaincre Darius, conquis l'extrême Orient, soumis ou détruit les rois fastueux de l'Inde. Le dieu n'était pas loin du terme où, selon l'oracle d'Ammon, il serait appelé dans l'Olympe.

Il fit sa seconde entrée à Babylone. Son armée, chargée de dépouilles, lassée de victoires, se rassasia de délices. La mort qui le surprit dans la ville de Sémiramis est restée entourée de mystère.

Mais il n'était aucune tête capable de porter la courone d'Alexandre. Après maintes querelles et maints combats sanglants, la terre ne fut pas « au plus digne », selon le mot qu'on prête au mourant, mais au plus fort et au plus habile.

Les lieutenants du roi se partagèrent violemment son immense héritage.

Ptolémée eut l'Égypte, Ptolémée, l'homme le plus accompli de l'armée après Alexandre, aussi grand administrateur que grand capitaine, aussi cher aux peuples qu'aux soldats; jamais courtisan près de son maître, il lui était plus profondément attaché qu'aucun de ceux qui avaient pénétré au plus intime de sa familiarité. Il réclama ses restes mortels pour leur donner la sépulture que cet homme illustre avait désirée lui-même.

Les cendres d'Alexandre furent donc transportées en

Égypte avec une pompe digne du premier et du meilleur des conquérants[1].

Ce pieux devoir accompli, le jeune roi vint fixer sa résidence dans Alexandrie. Il se sentait capable de continuer l'œuvre du héros.

A l'appel de ce prince protecteur des sciences, ami des arts et artiste lui-même, on vit accourir les érudits, les philosophes des meilleures écoles, avec les hommes de distinction et de talent dans tous les arts de la paix. Aussi la nouvelle cité brilla bientôt par la science, les lettres et les produits des arts autant que par les édifices. La pensée d'Alexandre était réalisée.

Les grands d'Égypte tous lettrés, ses prêtres tous savants, les ouvriers de Thèbes et de Memphis, les plus habiles de ce sciècle, s'empressèrent de fixer leur demeure près d'un monarque qu'on aimait comme Alexandre lui-même.

XVII

L'Égypte sous les Lagides redevint prospère, puissante et surtout heureuse. Les monuments d'Alexandrie faisaient

1 Le cercueil était d'or massif. Il se trouva plus tard un homme qui eut l'infamie de violer ce monument, ce fut Cibyofactès ; il enleva le cercueil d'or et le remplaça par un autre de verre.

Perdiccas conduisit le corps d'Alexandre au temple de Jupiter Ammon ; mais Ptolémé : Lagus le fit ensuite rapporter dans le palais d'Alexandre.

revivre les plus fameux de l'antiquité nationale : on aurait pu se croire aux époques pharaoniques.

La ville comprenait deux parties bien distinctes : le Bruchion, qui renfermait les somptueuses résidences du roi et de l'aristocratie, et le Rhakotis, quartier marchand, industriel, populaire, où brillait aussi la plus grande magnificence ; elle avait en outre de vastes faubourgs, et était entourée d'un enceinte fortifiée.

Le Bruchion, bien qu'il fût en communication directe avec le reste de la ville par des portes monumentales, avait son circuit parfaitement délimité. On jugera de la splendeur de ce grand quartier par le fait suivant. Strabon visitait l'Égypte quelques années après le siège soutenu par César dans Alexandrie en 48 avant Jésus-Christ, siège qui causa tant de ravages dans toutes les parties de la ville. Or le célèbre géographe constate dans le Bruchion plus de quatre mille palais encore debout, dix mille jardins, quatre cents places ou cirques, quantité de vastes citernes destinées à l'alimentation publique, et dans la même proportion tout ce qu'une grande cité peut avoir de confortable[1].

Isambert nous apprend que deux rues se distinguaient entre toutes les autres : larges de plus de 30 mètres, droites et bien percées, elles traversaient la ville de l'est à l'ouest, et n'étaient bordées que de palais ou de temples des dieux.

[1] Strabc .v. XVII.

La plus belle de ces rues était coupée par une autre égale en largeur, et leur intersection formait un carré dont les côtés ne mesuraient pas moins de 500 mètres chacun. Du milieu de cette grande place on voyait, par les deux portes monumentales, les navires arriver à pleines voiles par le nord et par le midi.

D'autres voies parallèles, coupant à angle droit cette grande artère, sillonnaient la ville et y laissaient circuler le vent du nord, le seul, dit Savary *(Lettres sur l'Égypte)*, qui apporte en ce pays la fraîcheur et la salubrité.

De tous les édifices le plus magnifique était le Sérapéum, construit sur un monticule qui existe encore et auquel cent marches donnaient accès. Rien de plus imposant que cette avenue et cet escalier : lorsqu'on était parvenu sous le péristyle entouré d'un vaste portique, on jouissait du plus merveilleux spectacle. C'était le mouvement des vaisseaux entrant dans le port ou en sortant pour se perdre à l'horizon ; c'était l'activité de deux ports que dominait la vue ; c'était la ville entière et ses environs et, en un mot, l'immensité qu'on avait sous les yeux.

Là, sous ce fameux péristyle, se donnaient rendez-vous les poètes, les artistes, les penseurs et les historiens de l'univers venus pour s'éclairer au foyer de lumière qui rayonnait de la Bibliothèque du Sérapis. Là de graves discussions trouvèrent une solution. La grammaire, l'astronomie, les langues, l'histoire, la musique, la peinture, rien n'était étranger à cette académie universelle. Combien de mystères philosophiques y furent élucidés, et combien de controverses religieuses terminées! Ce temple était bien le centre du monde intellectuel, comme la ville l'était du monde commercial et industriel.

Mais le plus surprenant des monuments utiles était sans contredit le phare. Bâti sous Ptolémée Philadelphe, il occupait la pointe orientale de Pharos[1]. C'était un palais; l'appareil était en pierres taillées, dures et polies comme le marbre. Il était orné d'élégantes colonnes aux riches chapiteaux dessinés par l'art grec. Une tour carrée mais gracieuse le surmontait. Au sommet de cette tour s'élevait, à 400 pieds de hauteur, un immense miroir d'acier poli reflétant les vaisseaux que l'œil n'eût pu distinguer. C'était l'œuvre de Sostrate de Gnide, et on la comptait au nombre des sept merveilles du monde.

XVIII

Malheureusement au bout de trois siècles à peine un autre illustre conquérant, César, devait porter une première et profonde atteinte à la cité d'Alexandre. Le maître de Rome devenu après Pharsale le maître du monde, était dévoré de la soif de se venger. Il poursuivit Pompée en Égypte et fit le siège d'Alexandrie.

1 Cette île donna son nom au *phare* d'Alexandrie ; il était bien juste que celui-ci, le plus beau qu'on ait vu, donnât le sien à tous les autres.

Subjugué lui-même par les charmes incomparables de Cléopâtre, il lui donne le trône des Lagides et l'installe dans le palais de ces princes. Il s'y fût volontiers endormi dans les délices, mais le parti de Ptolémée Dionysos était encore nombreux ; il assiégea le vainqueur de Pompée dans le palais de Cléopâtre.

Le lion n'était qu'assoupi. Ses agresseurs le virent bien. Il n'eut qu'à paraître pour les disperser.

César montra peu de sollicitude pour relever le splendide quartier où il avait accumulé tant de ruines. La conséquence la plus irréparable de l'indifférence dédaigneuse et aveugle de cet esprit guerrier, fut l'incendie de la bibliothèque du Sérapéum. Le vandalisme romain n'épargna ni le Dicastérium ou palais de justice, ni le Sénat, ni les temples, entre autres celui de Neptune, ni le tombeau construit pour Alexandre par les Ptolémées. César, disons-nous, ne daigna faire sortir de leurs ruines aucun de ces monuments : il le pouvait sans peine lors de sa dictature; mais le conquérant égoïste ne rêvait que la grandeur de Rome; il ne vit pas, il ne voulut pas voir l'importance d'Alexandrie pour l'univers entier.

Les auteurs anciens évaluent la population de cette ville à six cent mille âmes dans l'enceinte des fortifications. De plus quarante mille juifs avaient leur quartier séparé et fermé. Le nombre des habitants à l'époque la plus florissante approcha d'un million.

Les faubourgs étaient immenses et composés plutôt de

campements que de maisons. Et je ne parle pas de l'énorme population flottante qui venait chercher fortune, se succédait et se renouvelait comme les vagues de la mer.

A cela si l'on ajoute les caravanes qui affluaient de tous les points de l'Orient et les tribus nomades gardées par les soldats, on pourra doubler le chiffre des bouches que nourrissait la grande ville. Mais que serait-ce si l'on tenait compte des esclaves qui, sans aucun doute, n'ont jamais été mis au nombre des habitants !

Chaque nation se faisait une gloire de trafiquer avec la cité nouvelle. Les rois y députaient leurs ambassadeurs et ne dédaignaient pas d'y joindre des intendants chargés de négocier avec elle toutes sortes d'échanges. De ces relations il résultait un faisceau qui réunissait et multipliait les progrès de plusieurs siècles au grand profit du monde contemporain.

Ce foyer des lettres, du commerce, des arts et de toutes les richesses les faisait refluer sur l'humanité entière. Qui sait jusqu'où cette influence aurait pu la conduire? Toutes les voies étaient déblayées : Alexandrie sapait toutes les bases de la barbarie, elle polissait les mœurs, elle enrichissait les déserts : l'avenir était à elle. Pourquoi les Romains ne voulurent-ils y voir qu'une Carthage détruite ? Pourquoi surtout, dans la suite des siècles, l'aveugle férocité des Arabes la trouva-t-elle sur son chemin ?

XIX

Quatre cent vingt-cinq ans l'Égypte subit la domination romaine ; elle ne perdit son culte national que sous Théodose, qui, en 389, fit abattre le fameux temple de Sérapis, afin d'anéantir les restes du paganisme.

Il était pourtant une pensée plus politique, plus profonde et plus simple : c'eût été de couronner cet édifice d'une croix qui l'aurait purifié. Comme l'eau du baptême sanctifie l'homme pécheur, ainsi le temple souillé par les rites païens eût été consacré aux yeux des populations régénérées par le signe rédempteur et par la foi.

Mais les esclaves de l'ignorance, de la passion et du fanatisme ne connaissent d'autres armes que le fer et le feu. — Avec quels soins intelligents les papes n'ont-ils pas conservé les monuments de Rome païenne !

Théodose, mort en 395, la terre des Pharaons fit partie de l'empire d'Orient ; elle ne changea de maître qu'à l'apparition d'Amrou, en 340. Le conquérant arabe vint assiéger Alexandrie, qui résista pendant quatorze mois. La défense fut héroïque ; le courage des habitants ne se démentit jamais ; toutes les horreurs de ce siège on les préférait à l'idée de tomber à la merci de ces bêtes féroces qui entouraient la ville.

Il le fallut pourtant. C'est alors que le monde savant et que les siècles futurs firent l'irréparable perte de cette grande bibliothèque, la plus riche qu'on ait vue jusqu'alors et le dernier joyau de la couronne d'Alexandrie : elle fut livrée aux flammes par le grossier et sauvage vainqueur.

Tous les palais qui se trouvaient encore debout disparurent à leur tour. La reine des mers ne fut plus que la cité des ruines.

Les sultans mamelouks gouvernèrent l'Égypte près de trois siècles et commencèrent à l'abâtardir. En 1517 d'autres musulmans lui succédaient : les Turcs s'emparèrent de la ville d'Alexandrie : ce fut pour elle le dernier coup.

A l'opposé de la croix qui fait naître la lumière, la civilisation et la paix, le croissant n'apporte que les ténèbres et la destruction, la destruction morale surtout : c'est comme un manteau de plomb sous lequel tous les germes du beau et du bien sont étouffés.

XX

Notre expédition en 1798 trouva l'Égypte, jadis si florissante, dans le marasme où l'avait réduite l'administration arabe. Elle se mourait sous l'étreinte d'une foule de tyrans plongés dans les débauches les plus honteuses, vivant de vol et de rapines, ayant fait de cette région privilégié un véritable désert. Chaque jour les terrains fertiles se rétrécissaient; les canaux s'obstruaient et l'on voyait disparaître l'Égypte à laquelle le Nil n'apportait plus la fécondité.

Le monde alors fut secoué par un éclat de foudre qui fit tressaillir jusqu'aux tombeaux des Pharaons. La renommée de Bonaparte réveilla les peuples endormis et le feu de son génie fit voir un monde moderne qui naissait.

Comme l'acier se polit au fottement, les peuples, aux chocs des combats, apprirent à se connaître et à s'apprécier mutuellement. Leur sang s'était mêlé sur les champs de batailles; leurs mains se cherchaient après ces rencontres homériques où chaque nation avait gardé l'intégrité de son honneur. Puis les alliances, les échanges des peuples, les communications réciproques de la science et des arts, tout cela faisait de l'Europe comme une grande famille.

Napoléon, ainsi qu'Alexandre et César, vint saluer la terre des Pharaons. Les pyramides s'émurent aux bruits de ses hauts faits. Les tombes des rois pasteurs s'entr'ouvrirent, comme si ces vieux monarques, réveillés de leur sommeil, eussent tenu à honneur d'applaudir le jeune conquérant qui venait régénérer leur patrie et déchirer le voile de l'oubli que l'ignorance des sciècles avait fait peser sur elles.

De la pointe de son épée Napoléon traça donc pour l'Égypte le sillon d'une régénération toute nouvelle; il y laissa une étincelle du génie de la France. Arrosée par notre sang cette terre est redevenue féconde ; elle peut désormais inscrire en lettres d'or sur tous ses monuments la date mémorable du 2 juillet 1798.

Mais le passage de notre armée dans l'Égypte avait été trop rapide pour produire politiquement des fruits immédiats. Ce pays fut bientôt en proie aux compétitions. Alors un général turc se rendit maître de ses destinées, et, le premier de sa nation, il sut les améliorer.

Enfin sous le règne de Saïd-Pacha et sous la puissante protection de Napoléon III, M. de Lesseps put ouvrir ce canal de Suez renouvelé des temps antiques et qui devait changer l'équilibre du monde.

De nos jours règne sur l'Égypte un prince élevé en France, Ismaïl, esprit éclairé ; il fait preuve d'une vive intelligence et d'un bon vouloir qui lui fait le plus grand honneur. L'obstacle qu'il rencontre est l'éternel fanatisme de l'islam, mais sa haute raison et son esprit de sage tolérance vont rouvrir, espérons-le, de belles destinées à ce pays qui peut devenir un grand empire. Le vice-roi maintenant n'a plus qu'à vouloir.

XXI

Pendant que nous évoquions les grands souvenirs historiques que nous venons d'analyser, le terme de notre quarantaine était arrivé; nous vîmes avec bonheur le pavillon jaune descendre du grand mât.

La mer n'avait pas encore perdu tout son courroux : nous débarquâmes avec difficultés.

Ce n'est pas sans une profonde émotion que nous posions pour la première fois le pied sur le sol égyptien. Si l'on n'avait pas foulé cette terre, il ne fallait pas autrefois songer à se faire un nom dans la science ou les arts. Pour obtenir le titre même le plus modeste de voyageur, il était recommandé de boire l'eau vivifiante du Nil et de contempler les ruines cyclopéennes qu'on trouve sur ses bords.

Alexandrie aujourd'hui est entièrement absorbée par les affaires commerciales. Si le khédive y eût appliqué les dépenses faites au Caire, elle pouvait en un demi-siècle redevenir une des villes modernes les plus riches et les plus puissantes. Le chiffre actuel de ses habitants ne dépasse pas cent mille. Sa physionomie est tout italienne et n'offre vraiment rien de remarquable.

Pour arriver à la ville moderne on traverse les rues

fangeuses du quartier arabe ; puis on trouve le quartier juif aux repoussants oripeaux de toute couleur, et la place des Consuls. Enfin on parvient au centre. Il est vaste, planté d'arbres, orné de fontaines jaillissantes au milieu desquelles s'élève une statue de Mohammed-Ali, qui eut l'honneur de commencer la réalisation des projets de Napoléon Ier.

Autour de cette place se voient un grand nombre d'hôtels, de fort beaux magasins et les principales habitations, parmi lesquelles on distingue le Consulat français. D'ici rayonnent des rues neuves avec des maisons toutes parisiennes, étonnées d'être l'ornement de ces voies pavées à moitié, car rien ne s'y achève.

Le palais du vice-roi est bâti sur le port et n'offre aucun caractère ni à l'intérieur ni à l'extérieur. Dans le reste de l'Égypte les constructions récentes sont à l'italienne et sans aucune solidité : on dirait des travaux provisoires, d'où l'art de bâtir est totalement exclu.

Cependant le nouveau palais royal, au Caire, promet de devenir une merveille, si l'on considère ses immenses proportions. Seulement il ne faut jamais oublier que nous sommes en Orient, terre classique des mirages.

Alexandrie grandira, et rapidement, ce n'est pas douteux : le khédive pousse aux réformes. Il n'a qu'à continuer, à cette condition, mais à elle seule, la prospérité est assurée; or il est impossible que lui ou ses successeurs manquent à cette tâche, désormais nécessaire.

Pour atteindre leur développement les peuples ont le

devoir de suivre l'impulsion de leur génie propre : l'Égypte veut vivre et grandir ; elle ne peut donc demeurer plus longtemps sous le joug de l'islamisme : il lui faut secouer la domination ottomanne. La Turquie est assez étendue, trop étendue peut-être pour ses forces : qu'elle reste chez elle ; qu'elle accouche enfin de quelques sérieuses réformes, et commence à nous épargner le spectacle de ses saturnales honteuses.

Que le khédive indépendant marche le front haut dans la voie de cette civilisation européenne et surtout française, qui mène à la prospérité.

Déjà le sentiment de la famille pénètre dans les profondeurs du sérail. Les jeunes princesses élevées selon nos mœurs, en acquièrent le charme et la distinction. Le jour n'est pas éloigné peut-être où elles n'auront rien à envier aux femmes chrétiennes pour les qualités du cœur et de l'esprit. Or on sait quelle peut être l'influence de la femme sur la famille et sur la société.

Une foule d'usages barbares se modifient. Un voile de mousseline légère et diaphane cache à peine le bas du visage ; le front et les yeux sont découverts ; les stores des bandeaux ne s'abaissent plus ; on connaît au sérail les nouvelles de l'Europe et on s'y intéresse.

Ces modifications, si légères qu'elles paraissent, sont loin d'être insignifiantes ; pour ne pas y voir l'aurore d'un meilleur et prochain avenir, il faudrait ne pas connaître l'Orient. La vapeur et l'électricité rapprochent les nations, et pas une n'en a plus besoin que celle-là. Les premiers pas qu'elle fait vers nous seront suivis d'autres progrès.

La tâche du législateur devient plus facile et plus puissante; aussi doit-il veiller doublement à la conservation des peuples qui lui demandent la direction de leurs intérêts et de leur conduite.

Autrefois chaque nation gardait ses travers et ses qualités distinctives; aujourd'hui ce sont les vices qui font tout d'abord irruption : le rebut de sociétés européennes est le premier flot qui franchit nos frontières; il envahit au loin les autres peuples; il s'y mêle rapidement et leur porte le contact de sa corruption.

C'est là le mauvais côté de ce progrès immense qu'on doit à la facilité de nos modernes voies de communication. Aussi, pour les législateurs, la nécessité qui s'impose et grandit à mesure que s'étendent les réseaux bienfaisants des chemins de fer, c'est de pourvoir par de bonnes lois à la garde des mœurs, de protéger l'étranger sans doute dans les transactions commerciales, dans les relations capables d'augmenter la richesse, l'industrie et la science; mais de protéger surtout l'esprit national, le patriotisme, les saines traditions, de conserver enfin le trésor de l'antique honnênêteté avec la sollicitude d'une mère qui veille sur son enfant.

A cette condition seule le mélange des races peut avoir des résultats féconds et désirables.

Toujours les grandes agglomérations sont fatales à la

moralité. L'homme sans doute a partout la même nature et les mêmes tendances; mais dans les campagnes il se contient davantage, place plus haut sa dignité et se sent plus responsable : on y vit au grand jour; on est connu du pasteur qui a vu votre berceau ou béni celui de vos enfants; on est sous l'œil d'une famille qui remplit le voisinage; on n'a jamais vu les exemples pervers des centres populeux, on ignore jusqu'au nom des vices qui les minent sourdement.

L'Égypte donc, l'Égypte qui donnait autrefois le nom de pasteurs à ses rois, et qui toujours sera la terre classique de l'agriculture, devra s'affranchir à tout prix de nos plaies contemporaines; elle devra éloigner avec horreur tous les vagabonds de la pensée, de la dépravation et de la rapine, tristes épaves bien souvent de nos commotions politiques.

Dieu a tout donné à cette nation fortunée : position géographique, soleil splendide, fécondité unique et d'une infaillible régularité : que pourrait-elle envier à aucun autre peuple ?

Par malheur Mahomet est passé dans cette terre faite pour l'esprit de travail et les vertus domestiques; l'arbre de l'islam n'a qu'une sève desséchante : quand donc les enfants privilégiés des Égyptiens seront-ils las de ce fruit délétère ? Quand reconnaîtront-ils combien la polygamie est fatale à l'homme, à la famille, à la nation ?

XXII

Non, Dieu n'a pas créé la femme pour en faire une esclave : sa part dans le monde est plus belle, sa place au foyer est plus digne et plus noble ; elle est à certains égards la première.

Quelle est la créature qui seule fut affranchie de la tache originelle qui a flétri l'humanité sans exception, n'est-ce pas une femme, la Vierge de Nazareth ? Quand le Père éternel eut résolu de sauver les hommes, c'est sur le cœur pur de cette femme que son Esprit souffla une flamme plus pure que les cieux.

L'Homme-Dieu lui-même ne put devenir le Rédempteur du monde sans associer cette même femme à son œuvre divine. Quel magnifique rôle n'a-t-il pas dévolu à celle qu'il appelle sa mère ! La femme ne doit pas remplir dans le monde sa sublime destinée par des séductions vulgaires, mais par un sentiment profond de ce qui est bien, par l'intelligence de ce qui est vraiment beau, par l'enthousiasme pour la vertu; par une haine irréconciliable contre tout ce qui est mensonge et bassesse, par un mépris sincère de tout orgueil et de toute méchanceté : alors son influence est légitime, elle est toute-puissante par ses charmes comme Marie est toute-puissante par la prière ;

alors l'homme ne s'abaisse pas quand il l'aime, mais au contraire il s'élève et s'ennoblit : plus il honore une femme chrétienne, plus il devient chrétien lui-même. Sa maison n'est pas pour sa compagne une prison où il la cache, c'est un domaine qu'elle administre avec ordre et avec douceur. La mère de famille n'a pas pour lot les caprices et les défiances du maître ; elle ne voit pas ses fils confiés à des mains étrangères et ses filles réservées à l'oisiveté du harem, à l'ignorance et au fatalisme indolent ; mais elle est vraiment épouse, elle est l'égale de son mari, elle mérite sa confiance, elle ne redoute aucune rivalité, ne recule devant aucun travail ; elle est au milieu de ses enfants la reine du foyer ; elle sait alléger pour le père de famille le poids des labeurs et les amertumes de la vie.

Telle est la femme qui achèverait le relèvement de l'Égypte, car par elle la prospérité privée serait vite assurée et par suite la prospérité et la grandeur nationale.

Voyez ces phalanges de vierges sacrées, ces nobles filles de la foi catholique ; elles abandonnent avec joie et simplicité leur patrie et tout ce qu'elles pouvaient y aimer, chaumière ou château : elles préfèrent aller chercher même au loin, même au sein d'une religion ennemie, toutes les ignorances à combattre, toutes les misères à guérir : en Orient où tout croule ou vacille, elles seules sont debout et pleines d'espérances.

Vienne un danger, une épidémie, quels sont les premiers qui s'empressent de fuir ? précisément ceux-là dont la mission est de rester, de soutenir et protéger les populations, en un mot, ce sont les fonctionnaires.

Mais combien ces saintes femmes montrent la supériorité de leur sentiment et l'élévation de leur âme ! Elles se plaisent au milieu des pauvres abandonnés : ne sont-elles pas plus que leurs sœurs, plus que leurs mères même? Ah ! elles se montrent bien au-dessus de toute crainte ; elles savent faire comprendre Dieu aux âmes mourantes et désespérées; devant leur charité se fondent le froid et la sécheresse du fatalisme oriental. Seules elles ont le secret de l'abnégation et l'habitude de l'héroïsme.

Et pourtant vous les voyez s'avancer sans éclat, ignorant si le monde les admire, ne se doutant pas de leur mérite et ne se croyant pas l'ombre d'une vertu.

Ce sont les abeilles du bon Dieu, ce qu'elles butinent infatigables, ce sont des âmes pour le ciel. Malheureusement la ruche n'est pas inépuisable. Que dis-je, elle est peut-être menacée.

Pourquoi, du moins, nos sociétés modernes qui ont vu se renouveler par l'esprit religieux les prodiges du moyen âge, sont-elles pour elles-mêmes et surtout pour l'Orient si oublieuses de ce moyen de régénération ?

CHAPITRE II

LE CAIRE

I

Malgré tout ce qui pouvait me retenir à Alexandrie, malgré les instances d'anciens amis, j'étais impatient de voir la nouvelle résidence du khédive.

Je visitai encore à la hâte les environs, mais sans vouloir m'y attarder, d'accord en cela d'ailleurs avec les habitudes des touristes.

Une Compagnie a créé un petit chemin de fer dont la gare est près du lieu où l'on admirait autrefois l'aiguille de Cléopâtre[1]; de nombreuses stations se succèdent jusqu'à Ramleh; une puissante machine distribue les eaux sur tout le parcours de la voie ferrée, et porte la fertilité en plein désert.

[1] Aujourd'hui à Londres.

Les terrains arrosés se transforment en vrais jardins au milieu desquels sont des villas délicieuses ; mais le désert est là avec son horizon sans fin et sa puissance de destruction, prêt à ressaisir sa proie à la première défaillance de l'homme.

Nous visitâmes le jardin public, rendez-vous obligé de la société élégante ainsi que du commerce. Des toilettes variées et souvent extravagantes, puis une musique dans l'enfance de l'art offrent un contraste frappant avec les beautés réelles du lieu.

Le lendemain, bien avant l'heure de l'express, nous étions à la gare, impatients de partir.

Nous quittons Alexandrie (nous devons la revoir plus tard) ; nous traversons des plaines aussi interminables que monotones.

Nous voyons enfin cette vraie terre des Pharaons, et, en nous reportant aux grands jours d'autrefois, aux illustres souvenirs du passé, lorsque nous évoquons intérieurement cette longue et magnifique existence de la terre d'Égypte, notre cœur ne peut se défendre d'une émotion profonde.

C'est bien toujours la même fertilité. Chaque année, avec une précision presque mathématique, le même fécondant humus est déposé par le Nil sur le sol dont l'exhaussement par les alluvions successives se fait avec une heureuse lenteur.

Hérodote, il y a 3300 ans, donnait, pour l'avenir, la

hauteur des rives avec une rigueur de calculs dont nous pouvons aujourd'hui vérifier l'exactitude. Il ne faut pas l'oublier, le fleuve suit le niveau de la plaine : ainsi, grâce à l'entretien régulier des prises d'eau et des canaux d'irrigation, on peut, même de nos jours, utiliser tous les travaux des Pharaons ; — mais il faut cet entretien : la richesse, l'existence même de l'Égypte est à ce prix.

« Nulle part, disait l'immortel captif de Sainte-Hélène, l'administration n'a autant d'influence sur la prospérité du pays. »

On comprend combien les rois d'Égypte tenaient à laisser après eux de grands travaux, et en première ligne on peut citer le canal de Joseph avec le fameux réservoir de Toutmès IV, surnommé Mœris.

Arrêtons-nous un moment à ce dernier.

Pénétré des véritables devoirs de la royauté, c'est-à-dire de l'amour des peuples, doué du sens le plus exquis, c'est-à-dire du sens pratique, ce prince excellent ne fit pas la guerre. Il se contenta de veiller à une bonne administration. Il ne s'appliqua même nullement à des travaux admirables, à de somptueux édifices : il préférait être simplement utile. Il avait résolu de ne dépenser l'argent du peuple que pour assurer au peuple la nourriture et l'aisance. Non pas que ses goûts fussent vulgaires : c'était un savant et même un artiste ; mais l'Égypte, qu'il rendit prospère pour de longs siècles, bénit plus sa mémoire pour ses travaux hydrauliques qu'elle ne l'aurait fait pour les magnificences de Thèbes ou même d'Alexandrie.

Suivant Champollion, Mœris monta sur le trône en 1736 avant Jésus-Christ. Après avoir achevé les œuvres commencées sous le règne précédent, il fit creuser sur un plateau élevé le fameux lac qui porte son nom. C'est ce réservoir qui reçoit le trop-plein des eaux du Nil pour le déverser ensuite aux époques de sécheresse.

Ce lac de Mœris avait été si bien construit qu'il existe encore avec les restes de ses digues. Je les ai vues. Leur épaisseur est de près de 50 mètres. Il est donc bien prouvé qu'à cette époque on bâtissait pour l'éternité.

Non loin se trouvait le labyrinthe, cette autre célébrité. C'était une immense construction destinée aux réunions générales des délégués de chaque province. Il fut bâti par Labarès, de la XVIe dynastie, si l'on en croit Hérodote. Il s'étendait de l'est à l'ouest sur une longueur de 1110 mètres et sur une largeur de 740.

Il comprenait douze palais; chaque palais avait sa cour. On n'y comptait pas moins de trois cents salles. Les substructions, si indispensables dans un climat brûlant, avaient la même importance que le rez-de-chaussée.

Mais que cette merveille ne nous empêche pas de nous étendre un peu plus longuement sur la vie agricole du peuple égyptien.

On n'a jamais besoin de fumer la terre dans ce pays. Il suffit de jeter la semence et de labourer bien légèrement pour la recouvrir : on est sûr que tout vient à souhait.

Grâce au renouvellement annuel de cette précieuse alluvion qu'apporte le fleuve, c'est presque toujours une terre vierge qu'ensemence le fellah.

Pour les plateaux et les plaines du niveau le plus élevé, l'arrosage se fait par des moyens artificiels, mais des plus primitifs. On construit sur les berges de petits bassins, un ou deux, suivant la hauteur de la rive; deux fellahs puisent l'eau dans une corbeille évasée à laquelle sont assujetties deux cordes, puis avec autant d'adresse que de rapidité, ils la versent dans le bassin supérieur. Le plus souvent cette corbeille est fixée au bout d'un balancier qui trouve son contre-poids dans le limon même du Nil.

Rien de plus élémentaire qu'une telle hydraulique : il n'en est pas moins vrai qu'on transportait ainsi d'énormes quantités d'eau, et, pour la propriété divisée à l'infini, comme elle l'était dans l'antique Égypte, cette hydraulique suffisait.

De nos jours le progrès de la science agronomique a pénétré dans la terre des Pharaons ; il y a de grands propriétaires ; ils connaissent nos machines et savent les faire fonctionner, sinon par la vapeur, du moins par une force peu dispendieuse.

Quels que soient les moyens, avec un arrosage régulier on obtient trois récoltes. La première est naturellement la plus productive ; mais de plus, dans les riches terroirs, on voit s'élever en grand nombre les palmiers qui, sans culture, offrent un rendement considérable.

Voici, d'après Isambert, les céréales et autres produits principaux de l'Égypte actuelle : blés, orges, fèves, lentilles, pois chiches et lupins, trèfle, fenugrec, lin, carthame, etc.

Inutile de dire qu'il n'est plus question de ces oignons si délicieux qu'ils ont fait souvent regretter aux Israélites la terre de captivité, et si énorme, qu'un seul suffisait pour une journée entière à la nourriture d'un homme.

Au reste, quoique florissante encore, l'Égypte n'offre aujourd'hui qu'un faible souvenir de sa fertilité d'autrefois. Les irrigations, dans les âges antiques, n'avaient aucun rapport avec ce qu'on peut voir maintenant : elles atteignaient jusqu'aux points les plus extrêmes, et fécondaient non seulement le pied des coteaux écartés, mais encore leurs premiers plans. Sur les flancs et vers les sommets de toutes les collines on cultivait la vigne avec le plus grand soin. Ses produits étaient connus au loin. Les riches étrangers, les princes de l'Asie les recherchaient avec empressement : c'était l'objet d'un grand et fructueux commerce.

Les bras ne pouvaient manquer à l'agriculture, puisque nul, pas même le monarque, ne se croyait déshonoré de mettre à ces travaux toute son activité ; mais pour faire produire à la terre les trésors inépuisables qu'elle peut rendre, on y occupait encore les prisonniers de guerre. Les Pharaons étaient peu conquérants; mais s'agissait-il de faire respecter leur territoire, ils étaient, à la tête de leur peuple, les plus valeureux guerriers : c'est après leurs fréquentes victoires qu'ils purent multiplier à l'infini le nombre des travailleurs, et le sol ne les a jamais laissés souffrir de la faim ; au contraire, tous ont constamment vécu dans une telle abondance, qu'elle les consolait de la perte même de la liberté.

II

Le climat de l'Égypte est plus propice aux céréales qu'à la santé de l'espèce humaine, nous l'avons remarqué déjà : ce serait une erreur d'aller y passer une saison d'hiver parce que la température y est douce : elle est plutôt inclémente, surtout pour les affections pulmonaires.

Une ville se distingue entre les autres sous ce rapport, c'est celle du Caire : elle est dangereuse aux personnes atteintes d'une maladie de poitrine, et fatale surtout aux Européens qui oseraient s'y attarder.

Par contre les douleurs rhumatismales y trouvent un soulagement presque assuré ; et cependant il ne faut jamais dans ce séjour se départir des précautions que commandent l'hygiène du corps et aussi celle de l'âme.

Le chemin de fer, par sa rapidité, ne laisse pas apercevoir la monotonie des plaines de la Basse-Égypte ; mais une préocupation domine toutes mes pensées : mes yeux sans cesse interrogent l'horizon : quand donc verrai-je le cône d'une pyramide ? Comment exprimer mon impatience d'apercveoir enfin ces géants que dès l'enfance j'appris à connaître dans l'histoire ancienne, comme l'une des sept merveilles du monde !

Mais les plaines succèdent aux plaines, et je ne vois rien poindre dans l'immensité de l'azur.

La nouveauté du paysage, la sévérité grandiose de ses lignes, saisit pourtant mon imagination. Mes yeux aussi aiment à se reposer sur les teintes riches et douces de ces cultures variées qui fuient en s'adoucissant encore. Le tableau vu de l'étroite portière d'un vagon, a quelque chose d'un éblouissant diorama.

Tantôt apparaît un monticule que couronne un minaret ombragé par un groupe de palmiers au maigre panache : tantôt, plus près du voyageur, s'étalent quelques habitations rustiques et pauvres : un abri en roseaux sert d'écurie aux bêtes de somme ; avec elles grouillent des enfants à peine vêtus d'un informe lambeau, — les plus jeunes sont entièrement nus.

Les rares villages de ces plaines sans fin sont bâtis sur des monticules de terre pour être hors d'atteinte de l'inondation, pendant laquelle ils ne communiqueront plus qu'avec des barques.

Les ruines de Damanhour ne sont pas loin de la voie ferrée; elles animent un instant le paysage. Quelques habitants essayent de faire revivre cette ville tombée, mais ils ne font qu'y végéter, malgré certaines apparences. A la voir de loin, cette cité désolée peut encore tromper l'œil : on la croirait vaste et peut-être vivante ; mais de près on ne peut se défendre de cette attristante réflexion, qu'en Orient, à côté des plus brillants tableaux, il y a toujours un cadavre.

Après avoir dépassé Kafr-Zayard, qui se trouve à la moitié du parcours, nous arrivons à Tantah, ville riche et commerçante, grand entrepôt de marchandises venues de l'intérieur. On y voit une belle mosquée avec son dôme ogival qui rappelle au moins quelque chose du christianisme, et puis un minaret octogone qui ne laisse pas d'avoir quelque prétention monumentale.

A droite du chemin de fer, à la station Benâ 'l-Assal, un édifice, un véritable palais de style italien, se présente au regard étonné avec sa position charmante. En élevant cette construction, on y a trouvé des antiquités. Nous pourrions nous y arrêter, nous y intéresser vivement... Mais un autre intérêt attire et enchaîne notre vue. Ce n'est qu'un point... il se détache dans le vague ; il faut sonder une sorte d'infini pour y trouver une forme ; mais enfin on l'a nommé, c'est une pyramide, puis une autre ; vers leur sommet doré s'élance toute notre âme dans nos regards.

Plus nous approchons du Caire, plus la culture donne à la campagne l'aspect d'un immense jardin. Nous passons indifférents ; nous voudrions prêter d'autres ailes aux ailes de feu qui nous emportent ; nous voudrions la rapidité électrique.

On nous nomme le palais de Choubra et ses beaux jardins ; on nous vante un autre palais, celui de l'Abbasiéh ;

mais nous avons bien affaire de toutes ces bagatelles ! il n'y a pour nous dans le monde qu'une seule chose, les pyramides.

III

Cette chose, après un détour de quelques minutes, nous apparaît tout à coup : elle grandit à chaque battement de nos cœurs ; ces formes disparaissent encore... c'est bien inutile, nous les retrouvons dans notre mémoire, elles y sont fidèlement et intimement photographiées

Cependant on arrive en gare du Caire ; il faut, bon gré, mal gré, revenir aux réalités de l'existence.

Le Caire, c'est la nouvelle capitale de l'Orient ; le moderne y coudoie l'archaïque et multiplie les plus étonnants contrastes. Une baguette magique a transformé la vieille cité du farouche Amrou-ben-el-Ass, lieutenant d'Omar pour l'Égypte, sa conquête. Cette première ville arabe s'éleva sur les bords du Nil, en 640 de notre ère, à l'endroit même où le vainqueur avait planté sa tente. Il lui donna le nom de *Fosta*, qui signifie précisément une tente. Elle fut en partie détruite par un incendie, en 1168, lors de l'invasion des croisés.

A l'époque de cette même invasion, les Sarrasins, dans la crainte que Fosta ne fût prise, préférèrent la brûler tout entière, et, malgré son heureuse position sur le Nil, elle ne se releva jamais de ce désastre.

Ce qui reste aujourd'hui de cette ville porte une empreinte ineffaçable : dans ces palais vermoulus de l'Orient on croit toujours retrouver les images confuses et poétiques qui inspirèrent les *Mille et une nuits*. Une chose incontestable, c'est le caractère merveilleux de l'architecture arabe.

On traverse les décombres noircis qui gisent là depuis des siècles ; on pénètre dans des ruelles sombres, étroites, désertes, silencieuses. Les habitants montrent une physionomie en harmonie avec le cadre du tableau ; on retrouve dans cette épave de la vielle gloire des fils de Mahomet quelque chose de fier et de grave : les races ne sont aucunement mélangées.

C'est là surtout qu'on rencontre encore quelques-uns de ces beaux vieillards à barbe blanche, au visage austère, à la démarche solennelle, au regard subitement chargé de mépris ou de haine à la vue d'un *giaour*.

Pas un « Franc » n'eût osé s'aventurer dans ces sombres quartiers avant notre expédition de 1798. Le génie de Bonaparte vint traverser les couches profondes de ces barbares modernes ; il les surprit comme une apparition et secoua leur longue torpeur en leur révélant la civilisation française.

Chaque quartier de la ville, chaque rue même a sa bannière : c'est l'étendard sous lequel se rangent toutes les familles au jour des périls ou des réjouissances.

On ne saurait faire un pas sans rencontrer quelque

débris des splendeurs passées; plus d'une maison arabe conserve encore les caractères de son antique beauté.

En passant dans une rue déserte je fus frappé d'y voir une porte qui ne serait pas indigne du plus riche musée. — Que devait être l'intérieur ?... Un vigoureux coup d'épaule fit céder cette porte ; je me trouvai en face d'une cour spacieuse, pavée de marbre, avec une belle fontaine au milieu. Tout autour régnait une colonnade de marbre blanc et rouge et supportant un balcon de fer du meilleur goût et du plus beau travail.

Sans plus de façon j'allais franchir un escalier magnifique, quoique vermoulu, quand je fus arrêté par trois négrillons dont les cris perçants attirèrent quelques femmes sur le balcon. Voyant que ce vieux palais n'était point abandonné, je me gardai d'en troubler les habitants et regagnai la porte.

IV

De cette cité, autrefois splendide autant que populeuse, il ne reste qu'une ou deux mosquées qu'on laisse à leur délabrement, quelques fontaines beaucoup mieux conservées, quelques palais croulant sous le poids des siècles.

Dans toutes les villes d'Égypte les quartiers coptes ont une enceinte particulière. A Fosta elle est séparée par une forte muraille et fermée de plusieurs portes ; c'est dans la cité une autre cité qui lui est comme étrangère. Elle n'a d'ailleurs absolument rien de remarquable. Son église possède une petite crypte, où la tradition raconte que la sainte Famille se tint cachée lors de la fuite en Égypte.

Gorvehr, fameux général des sultans fatimites, éleva la seconde ville arabe après une nouvelle conquête de l'Égypte en 969 de notre ère.

Une muraille de briques entoura d'abord cette ville ; mais deux siècles après, Saladin fit construire de solides remparts, puis édifia la citadelle plus solide encore que nous avons sous les yeux, non pas telle qu'elle était sortie des mains de l'illustre sultan, mais transformée et toujours formidable.

Cette seconde ville s'étend au pied de la citadelle qui la protège de ses canons. Tout près de ses portes est la cité des morts et puis le désert.

Le côté qui regarde le Nil est entièrement neuf. Le vaste espace entre Fosta et le Caire actuel a été remblayé : travail gigantesque et digne d'un Pharaon. L'on y a tracé de larges voies bordées de belles habitations dont le nombre s'accroît chaque jour.

Les rues sont à la moderne ; on y chemine sur des trottoirs plantés d'arbres et munis de conduites d'eau et de gaz.

A leur jonction se trouvent toujours une place ou un square orné de fontaines jaillissantes ; tout y est fait sur un plan très étudié et admirablement conçu. Ces nivellements cyclopéens ont fait abattre une montagne, ce qui pour la ville, a notablement changé les conditions climatologiques. Mais du moins la cité nouvelle est pour de longs siècles à l'abri des inondations du Nil.

Autrefois, en Orient, on n'avait que des rues étroites. Pourquoi? à cause de l'ardeur des rayons du soleil : on n'imaginait pas qu'il y eût un moyen plus hygiénique et plus simple de s'en garantir. Ces mêmes rues aujourd'hui sont larges mais bordées d'arbres magnifiques ; elles sont fraîches, on y respire, on y voit clair, il n'y a plus de ces épidémies séculaires et péridiodiques.

Le nouveau Caire sera donc une ville dotée de tout le confort et de tout le luxe modernes. Aux deux extrémités seulement on retrouvera un quartier oriental avec la couleur locale la plus accentuée.

Le jardin de l'Esbékiéh est en petit le bois de Boulogne du Caire ; il est entouré d'une grille de fer, et tout autour s'ouvrent de magnifiques rues ornées de belles constructions ; la société élégante y vient écouter la musique ; ce jardin est embelli de grottes et de kiosques.

Le théâtre est près du jardin et d'un charmant aspect. C'est une construction provisoire ; à côté on bâtit un théâtre en pierre.

Ce sera un beau monument ; devant la façade s'ouvre une magnifique avenue qui traverse toute la ville nouvelle.

Tout le monde sait que ce théâtre a toujours, pendant l'hiver, une troupe de premier ordre, et on y entend les artistes célèbres des grandes scènes de l'Europe. Nous y avons vu *Aïda* montée avec le plus grand luxe; les décors étaient d'une vraie magnificence; et ce qu'aucun de nos théâtres ne peut avoir, ce sont les figurants choisis parmi les types les plus purs; nous nous croyions vraiment transporté au temps des Pharaons.

Tout le harem du khédive assistait à cette représentation dans des loges grillées et fermées de riches rideaux de tulle brodé. La curiosité pousse les princesses à pratiquer du bout de leurs ongles teints de petites ouvertures, et leur plus grand plaisir est de regarder les spectateurs et surtout les loges en face d'elles, où se trouvent les riches étrangères en toilette de bal; on les aperçoit très bien au travers des déchirures qu'elles pratiquent à chaque représentation; elles sont constellées de diamants et de pierres précieuses; à chaque mouvement de leurs éventails les bagues de leurs doigts jettent des feux étincelants comme des étoiles dans une nuit claire. Le chef des eunuques vient à chaque déchirure les rappeler à la bienséance, mais les favorites y répondent en le frappant de leurs éventails ou en lui jetant leurs babouches au visage. Depuis la guerre de Crimée il y a une plus grande liberté dans les harems, aussi bien au Caire qu'à Constantinople.

V

La vieille ville a entièrement gardé son cachet original, et c'est un charme de passer tout à coup d'une ville *hausmannisée* à un quartier oriental et tout archaïque. Au Caire, comme dans les autres cités de l'Orient, chaque industrie, chaque profession a son quartier ; chaque race vit à part, occupée au travail propre à son génie, toujours le même depuis des siècles.

La grande rue du vieux Caire est large et droite ; elle aboutit aux remparts et elle est presque entièrement recouverte de roseaux qui tempèrent les rayons du soleil ; c'est l'artère principale à laquelle aboutissent les ruelles étroites et sombres et où tant de peuples se pressent et se coudoient au milieu des tourbillons de poussière que soulèvent les voitures entraînées au galop des chevaux, les ânes qui trottent et les chameaux qui s'avancent majestueusement.

Les artisans, dans leurs boutiques, travaillent en chantant des versets du Coran ; les marchands accroupis comptent les grains de leurs chapelets et balancent leur corps à droite et à gauche ; les marchands juifs font sonner des parats (monnaie turque), ou comptent des pièces d'or pour attirer les passants, et les banquiers de la même nation lisent la Bible, appuyés sur leurs coffres-forts.

Les Arméniens se distinguent par leur extrême propreté

et leurs bazars renferment les plus belles parures ; ce sont les fournisseurs ordinaires des dames du sérail ; ils ont tout à profusion, et cinq ou six maisons arméniennes possèdent à elles seules de trois à quatre cents millions de bijoux et de marchandises rares.

Chez ces riches marchands on ne voit point de ces montres tapageuses à l'européenne ; les merveilles sont placées dans de solides armoires et dans des cachettes qui sont de véritables labyrinthes construits pour dépister les adroits voleurs arabes.

Quand une princesse ou une grande dame se présente pour faire une acquisition, elle est introduite dans le magasin, dont la porte se ferme sous de solides verroux et autour duquel on fait encore une bonne garde ; on étale alors sur des tapis de velours ces merveilles si convoitées. Ces précautions ne sont point inutiles en Orient, où malgré toutes les précautions, les vols sont si fréquents.

Les beaux équipages du Caire sont toujours conduits avec une grande rapidité, même dans les rues les plus étroites ; ceux des princes sont, surtout le soir, magnifiques à voir ; des coureurs nubiens, appelés Saïès, les précèdent, et plus le personnage est élevé en dignité, plus ceux-ci sont nombreux ; ils portent des *sacaïès*, perches surmontées d'une grille où brûle un bois résineux et odoriférant qui jette des milliers d'étincelles, c'est un charmant spectacle de voir ces heureux Nubiens vêtus d'un brillant costume, consistant en un large pantalon blanc bouffant, une veste de soie ou de velours couverte de broderies d'or et de paillettes étincelantes ; leur taille est entourée d'une ceinture éclatante et la tête couverte d'une calotte ornée comme le corsage ; en courant, ils écartent les bras, le vent s'engouffre dans les manches flottantes de mousseline : vous diriez qu'ils ont des ailes.

Après avoir visité la ville et les principaux monuments du Caire, je pris le chemin de la citadelle, d'où l'on jouit d'un merveilleux panorama. « On monte aujourd'hui à la citadelle, écrivent Joanne et Isambert, par une rampe qui contourne les murailles du côté du nord-est, et dont la pente est assez bien ménagée pour donner un accès facile aux voitures. On pénètre par une porte en pierre dans une vaste cour, et laissant à gauche l'entrée de bâtiments neufs qui contiennent les ministères, on se trouve au centre de l'enceinte.

« Le château, qui est lui-même une petite ville, se compose de trois parties distinctes et contiguës, entourées chacune de murailles et de tours crénelées ; ces trois enceintes sont celles d'*El-Arab*, qui regarde la place Rouméiliéh, d'*El-Enkichariéh*, qui regarde le nord, et la citadelle proprement dite, *El Kal'Ah*, qui est la partie la plus élevée. On peut remarquer que le côté le mieux fortifié et le mieux armé est celui qui regarde la ville ; la plate-forme nord-ouest, couverte de canons, est fermée par une porte flanquée de deux tours. La citadelle date de la fin du XIIe siècle, c'est l'ouvrage du célèbre

Youssouf Sala-Eddin (Saladin). Elle est aujourd'hui le siège d'un grand nombre d'administrations. Elle renferme dans son enceinte un hôtel de monnaies, une imprimerie, une fonderie de canons avec son arsenal, une manufacture d'armes et divers ateliers d'équipement militaire. »

Nous étions sur la plate-forme d'une tour entourée d'une grille de fer ; nos regards éblouis se promenaient sur un ravissant tableau ; c'était le soir ; les rayons du soleil nuançaient de pourpre les vapeurs aux formes fantastiques ; leurs teintes chatoyantes mais douces enchantaient l'œil et le reposaient à la fois ; les dômes et les minarets de quatre cents mosquées s'élevaient au-dessus des toits plats des habitations ; des palais, des maisons blanches sortent de toutes part des touffes de verdure ; le jardin de l'Esékiéh se présente à nos yeux comme une vaste émeraude semée de brillants ; les palmiers se balancent au gré de la brise et les grappes de leurs fruits ressemblent au corail ; à gauche, nous distinguons une longue suite de collines de sable resplendissantes et surmontées de moulins à vent ; à droite, le désert et la ville des morts dominés par les tombeaux des vieux califes, chefs-d'œuvre d'architecture arabe, que les peintres viennent étudier.

Au loin, semblables à un long ruban vert festonnant la prairie, se dessinent de longues lignes d'acacias et de sycomores ; puis les petits lacs laissés par l'inondation, miroirs saillants où dansent les rayons du soleil. Le Nil qui, comme un roi superbe et généreux, marche lentement au milieu de ces plaines, distribuant à profusion ses trésors, et parmi tant de merveilles, j'aperçois les immortelles pyramides dont le sommet touche les nues. Le soleil les enveloppait d'écharpes multicolores, dernier présent d'un beau jour. Toute la nature était empreinte de cette douceur infinie qu'on sent et qu'on ne saurait rendre. Les flambeaux de la nuit commençaient à briller. Le muezzin de chaque mosquée avertissait les croyants que c'était l'heure de la prière ; la cité des *Mille et une Nuits* allait s'endormir aux sons de cette ineffable mélodie et au parfum exquis de l'Orient.

VI

Il y a quelques années, la visite des pyramides était difficile à cause des inondations et des nombreux brigands qui infestaient ces parages ; ceux-ci ont disparu ; on y arrive par une route magnifique plantée d'acacias ; on s'y rend en voiture ou monté sur un âne.

En général, les choses qu'on ne cesse de vanter comme prodigieuses étonnent peu, mais les pyramides confondent toujours l'imagination des visiteurs ; la pensée s'arrête comme indécise devant cette masse cyclopéenne élevée à la gloire des hommes ; on doute que ce soit leur œuvre ; la première fois qu'on se trouve en face de ces merveilles d'un autre âge, on est pris d'une secrète terreur, on est saisi comme à l'approche d'un danger ; la hauteur, le gouffre béant où reposent les Pharaons nous remplit d'une admiration mêlée d'effroi.

Les ascensions ne sont pas aussi fréquentes qu'on pourrait le croire; pour les accomplir il ne faut pas être sujet au vertige, il faut même se rappeler les exercices gymnastiques du collège, car les injures infligées par le temps à ces blocs de granit font de ces exercices une nécessité presque continuelle. La descente par l'angle opposé est également difficile. Bon nombre d'Européens se font porter jusqu'au sommet, ou aider par deux ou trois Arabes : quelle idée alors ces hommes doivent-ils se faire de nos forces physiques ! J'y ai vu hisser trois Anglais ; ils avaient eu l'extrême précaution de se faire suivre de provisions de bouche et des inséparables bouteilles de champagne ; il s'ensuivit une fête en l'honneur Bacchus et un sommeil de plusieurs heures, pendant lesquelles les Arabes, loin des yeux du Prophète, goûtèrent largement du doux nectar.

La grande pyramide, tombeau de Chéops, est l'orgueil de l'homme poussé à ses dernières limites. Les Pharaons se déifiaient, ils s'accordaient l'immortalité et préparaient tout pour être adorés après leur mort; et s'ils bâtirent d'aussi colossales demeures funéraires, c'est avant tout pour que leur gloire stupéfiât les siècles futurs.

Les deux autres grandes pyramides sont les tombeaux de Chéphrèn et de Mycérinus; les petites renfermaient les membres de la famille de ces rois. La grande avait primitivement 146 mètres de hauteur; dans l'état actuel elle n'en a plus que 138; son cube est de 2,562,576 mètres. Avant la conquête des Arabes, elle avait un revêtement de pierres polies qu'Amrou, d'exécrable mémoire, enleva pour construire la citadelle et les remparts du Caire. Nous empruntons ces détails à M. Mariette-Bey, savant français que le khédive s'est attaché et qui a écrit deux remarquables ouvrages sur l'Égypte.

Plus je regardais les pyramides, plus elles grandissaient à mes yeux; je n'osais m'en approcher, retenu par une crainte mystérieuse, comme si elles avaient eu quelque chose de sacré. Élevées sur une colline, à l'entrée du désert, elles dominent et les vastes solitudes, et les plaines fertiles arrosées par le Nil, et la ville des mosquées et des palais; elles se montrent sans artifice dans leur sauvage grandeur, tantôt désolées et redoutables sous les vents du désert, tantôt resplendissantes sous les feux du soleil; elles paraissent immuables comme l'éternité et semblent dire aux étoiles qui scintillent sur leur front superbe : « Nous vivrons autant que vous ; si vous êtes la gloire des nuits, nous sommes les merveilles de la terre. »

VII

En examinant ces masses étonnantes, les hommes de

l'art ont de la peine à se figurer le prodigieux travail qu'elles ont coûté. M. Mariette nous dit que cent mille hommes, qui se relayaient tous les trois mois, furent employés pendant trente ans au gigantesque travail ordonné par Chéops. Sans doute il n'est pas au-dessus des forces de notre industrie moderne de refaire un monument semblable, mais le problème difficile à résoudre, même de nos jours, serait de construire des chambres et des couloirs intérieurs, qui, malgré les millions de kilogrammes qui pèsent sur eux, conserveraient à travers soixante siècles la plus parfaite et la plus étonnante régularité.

Les fondations de la grande pyramide répondent par leur solidité et leur profondeur à son élévation et à sa masse.

C'était la veille de mon départ pour la Haute-Égypte ; j'avais un remords de ne pas avoir escaladé les géants granitiques ; ce n'était ni la peur ni le vertige qui m'avaient retenu ; je ne tremblais pas lorsque, pour diriger des travailleurs attaquant un incendie, je marchais sur le bord d'une toiture en flammes, ou que, pour arracher des victimes au brasier, je m'élançais sur un mur croulant et sur une poutre embrasée : non ; mais une terreur secrète avait paralysé ma volonté.

Il est deux heures et demie. Je fais un signe au Nubien qui se tenait toujours à ma disposition, et nous partons pour la grande pyramide. Mon Nubien ne faiblit pas une minute dans la course folle que nous entreprenions et ne se laisse pas distancer une seule fois par ma monture. Nous avions dépassé l'enceinte immense où l'on construit le féerique palais du vice-roi; alors, prenant pitié de mon compagnon, je lui dis : « Cherche un baudet pour toi. » Je n'avais pas fini qu'il jette un cri strident; en moins d'une minute accourt un fellah nous amenant le baudet réclamé, vrai baudet de Nubie.

Nous repartons à fond de train et ne nous arrêtons qu'au pied de la colline qui porte les pyramides.

Tout d'abord je m'approchai du sphinx comme d'un vieil ami. Je voulais lui dire adieu; mais, arrêtant sur moi ses yeux énormes et fixes, me dominant de sa face goguenarde et grimaçante, il semblait agiter sous le souffle du vent ses monstrueuses oreilles et me dire que j'arrivais trop tard.... Je mis le sphinx au défi : je m'avançai hardiment vers la grande pyramide.

Je fis mon ascension accompagné de trois Arabes que j'engageais avec la condition qu'aucun ne m'aiderait à monter; ayant promis double bagchich si j'arrivais sans secours, on me montra simplement le chemin à suivre.

Arrivés au milieu, mes guides me firent faire une halte. J'essuyais mon front baigné de sueur quand un quatrième Arabe à mauvaise figure arriva sur la plate-forme et m'adressa la parole dans un très bon français : « Tu es Français? » me dit-il. Je le regardai sans répondre. Il reprit : « Vous autres, Français, vous n'êtes plus le peuple fort, vous avez été battus », et l'insolent proféra encore plusieurs autres phrases méprisantes.

Je bondis sur lui; une lutte s'engagea aux yeux des Arabes terrifiés; le sentiment patriotique doublait mes forces et malgré le danger d'être précipité dans l'espace, j'étreignis ce fils du désert, je le fis plier et le renversai sur l'angle de la plate-forme pendant que sa main désespérée cherchait à me serrer le cou.

Et l'abîme était là au-dessous de nous.

Les Arabes revenus de leur stupeur intercédèrent pour le misérable qui râlait cloué sous mon genou. Enfin, je le laissai se relever et, saisissant mon révolver, je lui ordonnai de descendre. Pour le ranimer on lui fit boire de l'eau de la gargoulette et, trébuchant, n'osant me regarder, il fut heureux d'obéir à mon ordre. J'appris le lendemain que ce scélérat avait été pendant quelque temps au service d'une épave immonde de la Commune.

Je continuai mon ascension et le souvenir de ma lutte dangereuse céda bien vite à l'émotion dont je fus rempli en posant mon pied sur la plate-forme supérieure. J'étais enfin sur le sommet! Mon front se découvrit, mes genoux fléchirent, j'étais si près de Dieu! Mes mains s'élevèrent. ma tête se courba et j'adorai le Maître du ciel et de la terre. « Dieu des armées, m'écriai-je, je suis sur le plus haut monument élevé par l'orgueil des hommes, je t'adore sur cette hauteur, et j'implore ton pardon pour ma patrie souillée tant de fois par la démagogie... Tu l'as châtiée en père sévère, mais elle a lavé sa faute dans le sang de ses enfants et les martyrs de la Commune t'implorent. L'épée de tant de héros chrétiens n'avait pu arrêter le torrent dévastateur : nos soldats sont tombés comme des épis sous la faucille ; nous avons été vaincus ! Envoie-nous, Seigneur, un nouveau Charlemagne, afin que notre malheureuse France reprenne le chemin glorieux qui l'avait faite la fille aînée de l'Église ! »

J'étais debout, le cœur me battait violemment; les trois Arabes me regardaient comme un être supérieur et ne perdaient pas de vue un seul de mes mouvements ; mon front était toujours découvert, j'étais muet d'admiration. Un tableau incomparable se déroula à mes yeux ; avec le coucher du soleil, je vis défiler tous les âges de l'antique Égypte.

Au loin apparaissait le Caire avec ses dômes, ses palais resplendissant de lumières, pendant que les minarets commençaient à s'envelopper d'une gaze céleste ; la colline de Mokallam semblait transformée en rubis ; les nombreuses tours de ses moulins à vent étaient d'or, leurs ailes de pourpre éclatante, et quand la brise se leva tout à coup et les mit en mouvement, elles revêtirent mille couleurs prismatiques et formèrent au centre un point lumineux qui rayonnait comme le soleil aux feux de l'aurore.

VIII

Dans la plaine, les pyramides, Louksor, semblaient s'agrandir pour se mêler aux nues et se diaprer de toutes les teintes du ciel; à leur pied s'étendait une terre bouleversée; par instants Memphis paraissait sortir de son suaire. La brise chantait dans les vastes jardins de la plaine, et ses ondes invisibles s'imprégnaient de tous les parfums. Au chant mélodieux du soir, elle ajoutait l'encens des fleurs, comme pour rendre hommage au Père de la création. Sur ce tableau terrestre s'étendit alors un large voile de gaze bleue, où se peignirent pour moi les principaux faits de l'histoire de cette merveilleuse contrée.

Je vis la terre d'Égypte aux temps anté-historiques; ce n'était qu'un vaste rocher recouvert d'un peu de sable; mais un magnifique fleuve se mit à couler sur ce rocher qui avait la forme d'un berceau; les inondations annuelles du Nil roulèrent sur ce rocher le limon recueilli des régions supérieures; les eaux surent répartir et égaliser le terrain accumulé depuis des siècles; les marécages disparurent; la fécondité les remplaça : l'Égypte était formée. Dieu y envoya en grand nombre les oiseaux, ses semeurs ordinaires. Des plantes de toutes espèces grandirent dans cet humus, la langue de terre verdit, et s'élargit insensiblement jusqu'au désert; du milieu des plantes et des arbrisseaux, de grands arbres s'élevèrent et poussèrent avec exubérance, et cette terre du Nil devint une épaisse forêt habitée par toutes les races d'animaux.

Le reste du monde souffrait une grande sécheresse; des pasteurs de l'Asie chassent au hasard leurs troupeaux; après avoir traversé d'interminables déserts, ils atteignent la verdoyante oasis qu'arrosait le Nil. Ils poussent des cris de joie et s'approchent du fleuve pour y désaltérer leurs troupeaux. Abandonnant leur Dieu unique, ils associent les eaux du fleuve à sa puissance et leur élèvent un autel ainsi qu'au soleil; mais cette terre privilégiée était rigoureusement défendue par les animaux sauvages; l'un d'eux surtout régnait tyranniquement sur le Nil; il poursuivait ses ennemis jusque assez avant sur les rives; il était couvert d'une cuirasse épaisse et brillante, qui le rendait invulnérable aux traits des pasteurs; on eut besoin d'un long et dangereux apprentissage pour lutter contre lui, le vaincre et se prémunir de sa fureur; le monstre dompté, les bergers superstitieux l'adorèrent encore.

Les troupeaux se multiplièrent en grand nombre; et pour nourrir les hommes et les animaux on ensemença la terre, on commença des irrigations pour l'arroser avec les eaux du Nil, à défaut de la pluie qui ne tombe jamais sous ce beau ciel.

Quelques siècles plus tard, ces pasteurs devinrent un

peuple puissant, dont la renommée s'étendit au loin. Lors d'une nouvelle disette des pays voisins, les peuples accoururent pour s'emparer de la terre du Nil, les prêtres des pasteurs gouvernaient alors l'Égypte ; ils avaient, pour commander les soldats gardiens des troupeaux, un guerrier de famille sacerdotale, nommé Ménès ; à la tête d'une armée il marche à la rencontre des envahisseurs, en fait un grand carnage et réduit le reste en esclavage. Fier de son triomphe, ce général se déclare roi du peuple et maître de la terre fertile. La reconnaissance faisait aux pasteurs un devoir de se soumettre ; ils n'y manquèrent pas : ainsi furent fondés l'empire et la dynastie des Pharaons.

Une longue suite de rois régnèrent avec gloire, les souverains voisins se courbèrent sous leur sceptre et reconnurent la suprématie des armes égyptiennes ; c'est ainsi que cette puissance porta à son comble l'orgueil des Pharaons.

Ce fut alors que Chéops éleva la grande pyramide où tout un peuple travailla pendant trente ans. Mon imagination me fit voir ces foules, comme un immense essaim d'abeilles, remplissant d'un bruit assourdissant le désert et la plaine fertile. Des villes merveilleuses s'élevèrent comme par enchantement, et Memphis fut la plus belle entre toutes. Les bords du fleuve se couvrirent de temples et de palais somptueux, les obélisques, les statues colossales dépassèrent en hauteur les plus grands palmiers.

Thèbes effaça à son tour Memphis et les plus splendides cités de la terre, et chaque grand roi tint à honneur d'augmenter le nombre de ces merveilles.

Puis Aménembra creuse le grand lac Mœris ; près de là s'élève le labyrinthe, palais des géants.

Cependant l'Égypte grandit, on connaît au loin ses richesses. Je vis une horde nombreuse de pasteurs se ruer sur elle, semblables à une nuée de sauterelles ; les sujets des Pharaons qui échappèrent à cet épouvantable massacre furent refoulés vers la Haute-Égypte.

Abraham, père du peuple choisi de Dieu, vint alors dans ce pays avec une nombreuse suite pour rendre visite aux rois pasteurs ; il fut comblé de présents, sa justice et sa sagesse étaient connues de tous les peuples de l'Orient ; comme un autre précurseur, il précédait son petit-fils Joseph, la plus pure des gloires égyptiennes.

Les rois pasteurs furent refoulés à leur tour, massacrés ou chassés de l'Égypte, qui redevint alors puissante, et tous les peuples apprirent de nouveau à la craindre et à la respecter.

Mais quel touchant tableau se développa ensuite à mes regards ! C'était par une belle matinée ; la fille du Pharaon, aussi belle que bonne, sortait de son palais avec une nombreuse suite ; le peuple, qui l'aimait, s'inclinait sur son passage, elle saluait avec bienveillance, et son intendant distribuait des largesses. Elle se rendait aux bords du fleuve pour prendre son bain du matin. Quand elle fut proche de la rive, toute la foule s'éloigna ; restée seule avec ses compagnes et ses esclaves, elle s'ébattait dans l'onde. Tout à coup les vagissements d'un enfant frappent son oreille. Dans sa bonté, elle s'inquiète et découvre bien vite au milieu des roseaux une corbeille où gît un petit être abandonné ; mais il était ravissant de beauté comme d'innocence ; la princesse le contemple ; il tend ses petits bras ; elle se penche sur lui, le prend, le réchauffe sur son sein et l'emporte au palais.

L'enfant vécut et s'appela Moïse ; on le vit croître en âge, en vertu, en science ; il devint l'homme le plus distingué du peuple juif.

Dieu, mécontent des nations idolâtres et des rois qui se faisaient adorer, donna l'ordre à Moïse de préparer le peuple juif, par le jeûne et la prière, à la grande mission qu'il devait remplir sur la terre. Fortifiés par la Pâque, qu'ils venaient de célébrer, les Juifs quittèrent l'Égypte sous la conduite de Moïse. Ménephtès les poursuivit avec toute son armée, en l'année 1321 (Isambert).

Mais Dieu n'a qu'un geste à faire et les flots écartés se suspendent comme des murs au bord d'un chemin : les fils d'Israël sont sauvés. A peine le dernier d'entre eux eut ainsi passé la mer que les vagues se refermèrent sur les Égyptiens et les engloutirent.

IX

Sésostris monta sur le trône des Pharaons, et l'Égypte atteignit l'apogée de sa gloire. Ce religieux et illustre monarque embellit tous les temples, éleva de somptueux palais et creusa des monuments funéraires dont les merveilles défient l'imagination.

Je vis encore l'Égypte florissante sous Ramsès III, puis les mœurs des Égyptiens s'étant corrompues, ils perdirent leur puissance et furent eux-mêmes menacés sous les successeurs de ce prince, lesquels se bornèrent à un rôle défensif, jusqu'au jour fatal où Cambyse fondit sur l'Égypte comme un ouragan destructeur.

Je me rappelai la plupart des temples, des palais, des obélisques, des statues, renversés par la fureur du farouche conquérant et je m'indignai d'horreur. La splendeur de la patrie des Pharaons n'est désormais plus guère qu'un souvenir, jusqu'à l'époque où Alexandre le Grand vint la délivrer du joug des Perses. Un autre rayon de gloire, un seul, éclaira de nouveau la terre du Nil sous les sages Ptolémées et rappela celle des rois pasteurs.

Si l'Égypte ne fut plus la première par les armes, elle tint le premier rang, pendant plus de deux siècles, dans la science et les arts; Alexandrie en fut le foyer; mais tout allait disparaître sous la barbarie des sectaires de la polygamie.

Amrou, de funeste mémoire, ravagea l'Égypte pour en faire une terre musulmane; partout il promena la torche et le marteau démolisseur, et ce fut avec une indicible horreur qu'à un moment donné je vis se refléter sur toute la Basse-Égypte de sinistres lueurs... C'était la bibliothèque d'Alexandrie livrée aux flammes! Après avoir frémi à l'idée de cette irréparable perte, je crus que la pyramide chancelait sur sa base; c'était ce même et infernal vainqueur qui l'attaquait pour la détruire; mais son vandalisme se lassa et sa main fut impuissante à détruire cette merveille du monde.

L'histoire s'assombrit; chaque instant détruisait l'œuvre de plusieurs siècles; l'Égypte vivait dans une lente agonie; soudain un bruit de foudre cent fois répété me fit tressaillir : c'était Napoléon Bonaparte avec ses immortelles phalanges. Entouré d'un état-major de héros, d'un geste sublime il montrait les pyramides, et s'écriait d'une voix retentissante : « Soldats! du haut de ces pyramides quarante siècles vous contemplent. »

Dans la plaine s'allongeaient des lignes sans fin, étincelant au soleil : c'étaient les Mamelucks chamarrés d'or. Ils s'ébranlent au commandement de Momad-Bey, et viennent se briser contre les murailles vivantes que le génie de Bonaparte opposait à leur fougue. La civilisation et la science triomphaient. Ceux que notre mitraille avait épargnés reprirent le chemin du désert sur leurs coursiers moins sauvages qu'eux. Les seules marques de leur retraite furent quelques traces de sang.

X

Mais la nuit se fit... je ne vis plus que les étoiles scintiller dans le ciel, et la ville du khédive s'illuminait.

Les chants des pasteurs avait cessé, les troupeaux se désaltéraient dans les flaques d'eau et en troublaient le miroir qui brillait au feu lointain des étoiles. Une fraîche brise soupirait dans les hauts palmiers, annonçant aux fellahs que le labeur avait cessé. Je distingais à peine le village de Gizeh, dormant déjà près des eaux tranquilles du Nil. Tout autour de moi, le désert sombre, mystérieux. menaçant, ressemblait à une mer en courroux galvanisée sur un signe de Jéhova ! Je ne pouvais m'arracher à ces impressions saisissantes qui, après les merveilles du soleil couchant, me révélaient la sublime beauté d'une nuit d'Égypte.

Je dus forcément mettre fin à ma contemplation; les heures avaient marché sans daigner m'attendre ; elles avaient fait disparaître le flambeau du jour. Un frisson me saisit quand, m'avançant sur le bord de la plate-forme, je ne vis plus devant moi qu'un gouffre noir et béant. A ce moment encore, je refusai le secours des Arabes qui me précédaient en me montrant le chemin ; la descente fut pénible, car la nuit s'était assombrie et l'on n'apercevait plus d'étoiles.

Arrivés au pied de la pyramide, mes guides poussèrent de grands cris de joie, dansèrent autour de moi une sarabande infernale en l'honneur de ma courageuse ascension et m'accompagnèrent jusqu'au bas de la colline ; le triple bagchich ne fut pas oublié et ils partirent contents, ce qui est rare.

Je dis un dernier adieu aux monuments en me découvrant avant de les quitter. C'était le 5 janvier 1874. Les baudets qui nous avaient amenés, restaurés par une ample ration d'orge, étaient impatients de partir et fournirent jusqu'au Caire une course aussi rapide que l'eût fait un bon cheval.

Quand nous fûmes dans la sombre allée d'accacias, mon Nubien distingua une forme blanche qui se tenait au milieu de la route ; des menaces de mort parvinrent à son oreille, il eut peur, mais j'eus bientôt le révolver au poing ; deux décharges en l'air firent évanouir le fantôme : nous avions le chemin libre.

Il était dix heures du soir quand je sautai sur le perron de l'hôtel, où un grand gala se donnait en l'honneur du fils de Lenistone. Toutes les dames étaient en toilette de bal, les gentlemen en cravate blanche et habit noir. Le champagne pétillait dans les coupes de cristal : on me força gracieusement à prendre place au banquet avec mon costume tout poudreux ; je dus m'asseoir à côté d'un jeune homme fort distingué, le héros même de la fête.

CHAPITRE III

HAUTE-ÉGYPTE

I

L'année 1874 restera dans les échelles du Levant comme un terrible souvenir de nombreux sinistres occasionnés par les redoutables tempêtes qui sévirent si longtemps. Les courriers en retard ne se comptaient plus, et depuis un mois je n'avais reçu aucune nouvelle de ma famille. Aussi mon cœur était dans l'angoisse et mes pensées se reportaient à mon enfance, à ce jour béni du renouvellement de l'année. Pourtant je n'avais pas été gâté par mes parents : une mère chrétienne nous avait élevés d'une manière virile ; elle voulait, la sainte femme, faire des hommes de ses enfants. Toutefois le premier jour de l'an ramenait une exception ; je me souviens que je portais alors mes petits souliers le soir sous la cheminée : dire mon effroi et dire ma joie en même temps, ce serait impossible ; ces deux sentiments avaient pour moi quelque chose de confus mais de délicieux.

La même impression me saisit aujourd'hui à quarante années de distance : loin de ma patrie, sur cette vieille terre des pyramides, j'étais sans nouvelles des miens, d'une femme aimée et souffrante ; je devais quitter le Caire, j'allais en tremblant à la poste française serrant mes deux mains et croyant comme autrefois porter mes souliers. Ce n'était plus l'enfant Jésus, qui allait me combler de joie avec quelques friandises, mais la poste qui devait m'apporter l'étrenne du cœur, les témoignages et les assurances d'un amour réciproque. Aussi, dès que je fus en possession de ces missives chéries, je courus à la vieille et pauvre église des franciscains, afin d'exprimer à Dieu ma reconnaissance et de lui adresser mes actions de grâces.

Dans l'après-midi, nous devions nous embarquer pour la Haute-Égypte, à bord du *Wuaht*, où nos bagages étaient déjà installés. Il était dix heures du matin et jusqu'à cinq heures du soir, j'avais un temps précieux pour *revoir le fameux musée de Boulak.*

Une magnifique promenade conduit à Fosta, ou le vieux Caire ; on traverse les vastes terrassements que fait exécuter le khédive pour asseoir sa nouvelle ville. En allant vers le Nil, on laisse à gauche l'aqueduc du grand Saladin, on suit un instant les décombres de la ville incendiée qui gisent là depuis des siècles. Les bords du fleuve sont très animés; on y trouve des chantiers de réparation et de construction ; le quartier qui avoisine le port est celui des forgerons, des charpentiers et de tous les métiers bruyants.

La grand'rue qui traverse le sud de Fosta est occupée par les bazars ; elle est large, mais ce n'est qu'un cloaque infect ; on ne comprend pas que des êtres humains puissent vivre dans un tel bourbier. Je ne pourrai croire à la civilisation de l'Égypte que quand je verrai une sérieuse hygiène imposée, s'il le faut, par la force.

II

Boulak, quartier qui touche aux rives du fleuve, renferme une fonderie, des manufactures, une imprimerie arabe, des ateliers de précision où l'on fabrique des instruments d'ajustage et de topographie, une école des arts et métiers, et une papeterie ; c'est le quartier scientifique et industriel, qui pourra progresser si la caisse du khédive suffit à tout.

Ce prince mérite à tous égards les plus grands éloges pour les services signalés qu'il rend à la science ; il continue la grande pensée de Napoléon, qui voulait tirer l'Égypte pharaonique du lourd sommeil où elle était plongée ; la bonne fortune a donné au khédive des savants capables de l'aider puissamment à accomplir son œuvre de régénération. M. de Lesseps et M. Mariette seront pour l'Égypte moderne ce que Joseph fut à l'Égypte pharaonique.

Nous entrons au musée de Boulak, créé par notre savant compatriote Mariette-Bey. Cette œuvre doit être mise au premier rang; elle est certainement appelée à dissiper les ténèbres de l'égyptologie ; les débris, les statues, les bijoux de toute nature que renferme ce musée, sont autant de jalons pour servir aux recherches scientifiques, et pour tirer du chaos les faits les plus anciens. Chaque jour mille objets enrichissent cette merveilleuse collection ; mais elle ne sera bien appréciée que le jour où tous les chefs-d'œuvre de l'art de la construction seront installés dans le magnifique monument que l'on construit sur la place de l'Esbékiéh. Le musée de Boulak sera donc transporté dans ce palais; hélas ! il ne sera plus sur les bords du Nil.

Quelle sensation suprême on éprouve à contempler ces merveilles d'une civilisation disparue, auprès du Nil majestueux qui chante de sa voix grave la gloire des Pharaons, amène toutes les dabhies aux portes du musée, et les force à y entrer! A chaque instant il caresse les rives de Boulak avec amour, il se nuance d'or et de toutes les couleurs de l'arc-en-ciel pour fêter et honorer ces vieux Pharaons qui ont fait jadis son orgueil, et ces grandes reines qui venaient entretenir leur jeunesse et leur beauté dans ses ondes fraîches et bienfaisantes.

Dans quelques années du moins il y aura là des trésors incomparables : on pourra en particulier retrouver la clef historique des premières dynasties dans les tombeaux inviolés d'Abydos, enfouis sous une montagne de décombres que l'on déblaye actuellement.

Quelle féerie présentera le grand musée, quand toutes ces merveilles y seront réunies! On y verra, dans tout son éclat, la statue en bois de Chéphren, le plus grand chef-d'œuvre de l'art égyptien, puis la statue en albâtre, d'un travail magnifique, représentant une reine, nommée Aménéritis, qui épousa un roi éthiopien (XIXe dynastie), gouverna glorieusement l'Égypte et joua dans l'histoire un rôle considérable. On y trouve encore deux spécimens remarquables de la statuaire égyptienne, qui remontent au roi Snéfron, avant l'érection des pyramides.

Cette énumération nous donne déjà une haute idée de cette civilisation primitive, et bien des choses que le génie moderne croit avoir inventées, étaient déjà connues des Égyptiens; au reste, qui le croirait? dans ces âges reculés le luxe et la perfection de toutes choses étaient portées à leur plus haut point[1]; nous en donnons immédiatement une preuve.

[1] Lire la notice entière de M. Mariette sur le musée de Boulak, c'est une merveille de clarté et de précision.

III

OBJETS TROUVÉS DANS LE TOMBEAU DE LA REINE AAL-HOTEP

Voici, d'après M. Mariette-Bey, la description succincte des bijoux exposés dans la cage vitrée qui occupe le centre de la salle dans laquelle nous pénétrons :

« Je rappellerai que ces bijoux, contemporains du premier roi de la XVIIIe dynastie, sont antérieurs de dix-sept cents ans environ à l'ère chrétienne, et par conséquent comptent aujourd'hui un peu plus de trente-cinq siècles de durée. Pour plus de clarté, je divise la cage en face antérieure (côté de la porte d'entrée), face postérieure, face latérale droite, face latérale gauche.

FACE ANTÉRIEURE

« 810. — Bracelet d'or à double charnière. Figures d'or finement gravées sur fond de pâte de verre bleu imitant le lapis. Amosis est à genoux ; devant lui et derrière lui, le dieu Seb et les génies de la terre dans l'une des postures de l'adoration. Style très fin ; un des meilleurs morceaux de la collection.

« 811-812. — Deux bracelets d'or et de perles. Les perles sont d'or, de lapis, de cornaline rouge et de feldspath vert. Elles sont enfilées sur des fils d'or.

« L'ensemble forme un damier dont chaque case est de deux couleurs. Une lame fendue en deux parties qui se séparent et se ferment au moyen d'une aiguillette d'or, opère la fermeture. On y lit le nom d'Amosis.

« 813. — Un bracelet composé de deux parties réunies par une charnière.

« La partie extérieure représente un vautour, les ailes éployées. Le jeu des plumes a été imité par des pierrettes de lapis, de cornaline et de pâte de verre de la couleur du feldspath, enchâssés dans des cloisons d'or.

« Ce travail est celui que faisaient le plus communément les orfèvres égyptiens.

« La partie postérieure, plus mince, est formée de deux bandeaux parallèles ornés de turquoises dont un dessin seul pourrait faire connaître la disposition.

« Si ce bracelet a servi, il n'a pu, à cause de ces dimensions, être qu'à l'humérus.

« 814. — Un beau diadème. Si ce bijou n'avait pas été trouvé sur le sommet de la tête de la reine, en partie engagé dans ses cheveux, j'y verrais plutôt un des magnifiques spécimens de bracelet d'humérus que l'on puisse voir.

« La décoration est très riche. Une boîte en forme de

cartouche royal gardé de chaque côté par deux petits sphinx affrontés en forme le motif principal. Le couvercle de la boîte reproduit le cartouche d'Amosis, or sur fond de pâte bleue imitant le lapis. Les deux sphinx sont aussi en or. Si petits qu'ils soient, les yeux sont rapportés par le procédé dont nous avons parlé à propos du cercueil de la reine.

« Le reste du diadème ne saurait être bien décrit sans le secours d'un dessin.

« 815. — Une magnifique chaîne à laquelle est suspendu un scrarabée. Elle a 0m 90 de longueur et se termine à chaque extrémité par une tête d'oie recourbée. D'autres exemples nous entraînent à dire que cette chaîne ne se fermait pas autrement qu'en liant les deux têtes d'oies au moyen d'une ficelle. Ici encore le nom d'Amosis se lit sur le cou de ces animaux.

« Le scarabée mérite toute l'attention du visiteur. Les pattes, qui sont d'un travail si fin qu'on les croirait moulées sur nature, sont coudées au corps, qui est d'or massif. Le corselet et les élytres sont en pâte de verre bleu tendre, rayée par des lignes d'or. La flexibilité de cette chaîne atteste une habileté de main-d'œuvre vraiment surprenante.

« 816. — Une hache. Le manche est en bois de cèdre recouvert d'une feuille d'or. Des hiéroglyphes y sont découpés à jour.

« Ces hiéroglyphes sont précieux pour la science, en ce

qu'ils révèlent pour la première fois, au complet, le protocole d'Amosis. Des plaquettes de lapis, de cornaline, de turquoise et de feldspath y sont encastrées et en rehaussent l'éclat.

« Le tranchant est de bronze, orné d'une épaisse feuille d'or. Ce tranchant est enrichi sur ses deux faces de représentations. D'un côté sont les bouquets de lotus dessinés en pierres dures sur un champ d'or ; de l'autre, sur un fond bleu sombre donné par une pâte si compacte qu'elle semble être de la pierre, se détache la figure d'Amosis, les jambes écartées, le bras levé pour frapper un barbare qu'il a saisi par les cheveux. Au-dessous de cette scène est une sorte de griffon à tête d'aigle. Dans les récits de batailles, les rois sont souvent comparés au griffon pour la rapidité de leur course quand ils se précipitent au milieu des ennemis.

« En effet, le griffon est ici appelé Month, que nous savons déjà être le dieu des combats (V. salle du centre, 174). L'expression de Month qui accompagne son image s'applique à Amosis.

« Le tranchant de notre hache adhère au manche au moyen d'une simple entaille dans le bois, consolidée par un treillis en or.

« 817. — Un poignard d'or et son fourreau également en or. Monument sans égal pour la grâce et l'harmonie des formes. Quatre têtes de femmes en feuilles d'or repoussées sur le bois forment le pommeau. La poignée est décorée d'un semis de triangles or, lapis, cornaline et feldspath, arrangés en damier. La soudure de la lame au manche est artistement cachée par une tête d'Apis renversée.

« La lame est la partie la plus remarquable de ce magnifique monument. Le pourtour est en or massif. Une bande de métal dur et noirâtre occupe le centre. Sur cette bande sont des figures obtenues par une sorte de damasquinage.

« D'un côté est l'inscription : Le dieu bienfaisant, seigneur des deux pays, Ra-neb-pehti, vivificateur, comme le Soleil, à toujours. Cette inscription est suivie par une représentation très rare qui n'est pas exempte d'une certaine influence asiatique, celle d'un lion se précipitant sur un taureau. Quatre sauterelles qui vont en s'amincissant jusqu'à l'extrémité de la lame terminent la scène.

« De l'autre côté on lit près de la poigné : Le fils du Soleil et de son flanc, Ahmes-Nakht, vivificateur, comme le Soleil, à toujours. Quinze jolies fleurs épanouies qui, comme sur l'autre face, se perdent vers la pointe, complètent l'ornementation.

« 818. — Un bracelet, perles d'or, de lapis, etc., enfilées sur des fils d'or assez espacés pour que le jour se voie à travers. Sur le fermoir, légende d'Amosis.

« 819. — Un poignard. La lame est de bronze jaunâtre très pesant, le pommeau est un disque lenticulaire d'argent.

« On se sert de cette arme en appuyant le pommeau sur la paume de la main fermée, et en laissant passer la lame entre l'index et le médium, 820-821. — Deux mouches or et argent décoration de collier. (Voyez plus bas, n° 829).....

« 822. — Un bracelet or massif sans aucune décoration.

FACE LATÉRALE DROITE

« 823. — Un magnifique collier ousekh. Le collier ousekh est déposé sur des momies en vertu des descriptions du Rituel. Il s'agrafe sur les épaules et ne cache que la poitrine, qu'il cache complètement.

« Celui que nous avons sous les yeux est d'une composition aussi riche qu'inusitée. Des cordes enroulées, des fleurs à quatre pétales épanouis en croix, des lions et des antilopes courant, des chacals assis, des éperviers, des vautours, des vipères ailées en forment le dessin. Les deux agrafes, selon l'habitude, sont à tête d'épervier.

« Tous ces ornements sont en or répoussé. Ils étaient cousus aux linges de la momie par le moyen de petits anneaux soudés par derrière.

« 823. — Ce pectoral est, avec le bracelet à fond bleu et le poignard damasquiné, l'un des trois objets les plus précieux de la collection.

« La forme générale du monument est celle d'un petit naos, ou petite chapelle. Au centre, Amosis est représentée debout sur une barque. Deux divinités, Ammon et Phère, lui versent sur la tête l'eau de purification. Deux éperviers planent au-dessus de la scène comme des symboles du soleil vivifiant.

« Le travail de ce beau monument est tout à fait hors ligne. Le fond des figures est découpé à jour. Les figures elles-mêmes sont dessinées par des cloisons d'or dans lesquelles on a introduit des plaquettes de pierres (cornaline, turquoise, lapis, pâte imitant le feld-spath vert). Ainsi disposée, cette sorte de mosaïque, où chaque couleur est séparée de celle qui l'avoisine par un brillant filet d'or, donne un ensemble aussi harmonieux que riche.

« Par la finesse et la netteté de sa gravure, l'envers du naos d'Amosis, qui est d'or simple, est aussi remarquable que la face principale.

« 825. — Un collier formé de plusieurs rosaces auxquelles sont suspendues des ornements en forme d'amande. Les rosaces sont en or avec incrustations de pierres entre cloisons. Les amandes sont également en or. Les couleurs bleue et rouge qui les distinguent sont obtenues cette fois par des pâtes de ces deux nuances imitant l'émail.

« 826. — Les petits rectangles d'or où l'on aperçoit encore çà et là quelques perles effilées, sont les débris de bracelets que nous avons trouvés détruits.

« 827-828. — Deux anneaux creux en or, ayant probablement servi de bracelets, comme l'armille dont se paraient les femmes dans l'antiquité classique, particulièrement en

Grèce. Il est sans ornements. La collection des bijoux de la reine Aah-Hotep en comprend plusieurs de ce modèle. Face postérieure.

« 829. Une chaîne d'or. Trois mouches en or massif y sont suspendues. Cet ensemble constitue une sorte d'ornement de poitrine qui se portait passé au cou.

« Des preuves plus solides seraient nécessaires pour bien établir que la mouche était, comme on l'a prétendu, une décoration honorifique.

« 830-831. Deux têtes de lion. L'une est en bronze, l'autre en bronze revêtu d'or. La tête du lion est l'hiéroglyphe du mot *peh*, qui signifie vaillance. Nos deux monuments ont sans doute été introduits parmi les objets précieux dont était enrichie la momie de la reine, parce qu'ils font partie du cartouche-prénom d'Amosis (Ra-neb-pethi). On remarquera l'attitude fière de la tête du lion en or.

« 832. Un bâton de bois noir, recourbé à son extrémité et entouré d'une large feuille d'or en spirale. Spécimen unique. Peut-être à l'époque de Kamès et d'Amosis, était-il un signe de commandement. On le trouve aujourd'hui, exactement sous la même forme, entre les mains de la plupart des Nubiens et des Soudaniens, pour lesquels il n'a plus aucune signification symbolique.

« 833. — Un beau poignard à manche d'or massif, à lame de bronze pâle.

« 834. — Une hache. Le manche est de corne, rehaussé d'or à son extrémité inferieure. Le tranchant est d'argent.

« 835. Un chasse-mouches ou flabellum. Le manche et le commencement sont de bois recouvert d'une feuille d'or. Au pourtour du couronnement on voit encore les trous dans lesquels s'agençaient les plumes d'autruche qui formaient l'éventail proprement dit. Des représentations assez grossièrement sculptées s'y font voir. Le dieu Khons debout, suivi d'un urœurs dressé, reçoit une offrande du roi Kamès. Celui-ci est casqué ; il tient en main une croix ansée, et à son tour il est suivi de ce nom d'enseigne *(s-t'af-teti)* surmonté de l'épervier.

« *St-'afte-ti* signifie l'approvisionneur des deux mondes. Vers le temps où Kamès régnait à Thèbes, Joseph recevait dans la Basse-Égypte de l'un des rois de la dynastie des pasteurs (voy. Eusèbe dans Manéthon), le nom Tsaphnath Hanéa'h (les Septante l'écrivent Psonthom-phanech). On remarquera que Tsaphnath reproduit avec une scrupuleuse fidélité l'égyptien *t'af-en-to*, l'approvisionneur du monde. Il ne faut cependant rien conclure de ce rapprochement, si ce n'est que le nom d'enseigne adopté de Kamès a pu être porté comme nom propre par des particuliers, à l'exemple de San-teti et autres.

« 836. — Un miroir. Les Égyptiens ont su donner à ce meuble la forme la plus élégante (voy. salle de l'est, vitrine S). Le manche imite la tige et la fleur épanouie du papyrus.

Le disque, quand il est suffisamment conservé, est revêtu d'une sorte de vernis d'or qui lui donne la propriété de réfléchir les objets.

« 837. — Neuf petites hachettes, trois d'or et six d'argent. Dans les hiéroglyphes, la hachette répétée neuf fois désigne l'ensemble des dieux.

« 838. — Plusieurs armilles ou anneaux de jambe en or. Ces anneaux sont plats et creux, ils sont ourlés à leur circonférence extérieure d'une chaînette d'or tressée imitant le filigrane. Plusieurs autres anneaux du même travail ont été trouvés avec les précédents.

« Un dernier objet complétant la série des bijoux de la reine Aah-Hotep est exposé à part sous le numéro suivant.

« 839. — Une barque garnie de son équipage et montée sur un chariot à quatre roues (voy. salle du centre, 532). La barque est d'or massif, le train qui la supporte est en bois, les roues sont de bronze à quatre rayons.

« Par ses formes gracieuses et légères notre monument rappelle les barques célèbres du Nil faites, selon Pline, de papyrus, de joncs et de roseaux. L'avant et l'arrière sont relevés et terminés par des bouquets de papyrus recourbés.

« Les rameurs, au nombre de douze, sont d'argent massif. Au centre de la barque est assis un petit personnage tenant d'une main la hachette et le bâton recourbé (voy. n° 832). A l'avant un second personnage est debout dans une sorte de petite cabine décorée à l'intérieur de plusieurs des emblèmes nommés boucle de ceinture. Le timonnier est à l'arrière. Il se sert du seul gouvernail connu alors, c'est-à-dire d'une rame à large palette. Une seconde petite cabine ou plutôt une sorte de large siège est derrière lui. Un lion passant avec le cartouche-prénom de Kamès, est gravé sur la paroi extérieure de cette seconde cabine. Ces trois personnages sont en or.

« Le sens précis de ce curieux monument est assez difficile à déterminer. Le rôle de chanteur et de timonnier sont bien connus, et la hachette entre les mains du personnage principal peut passer, comme on le voit sur quelques bas-reliefs de Deïr-el-Médinéh, pour un symbole de commandement. Mais pourquoi, contre tous les usages, l'image de la défunte qui est censée traverser certaines contrées célestes entrecoupées de canaux et de champs à cultiver, est-elle absente? »

IV

Je reviendrai au Caire après l'installation du nouveau musée, pour étudier encore cette antiquité égyptienne, si capable de passionner le savant et l'artiste.

Je quitte Boulak et me dirige vers la mosquée des derviches, où se célèbrent les cérémonies de cette secte renommée. M. Émile Guimet, le savant voyageur orientaliste, dans son charmant livre, *Les croquis égyptiens*, les a marquées au fer rouge ! . . Je m'approche de ce monument fort délabré et, comme toujours, d'une propreté fort douteuse; j'entre et m'assieds loin du cercle des derviches à longue chevelure ; la cérémonie allait commencer.

Les derviches au complet sont assis en demi-cercle sur une natte ; les musiciens sont adossés au fond de la rotonde ; à un signal de leur chef, les derviches se lèvent et se regardent en inclinant la tête vers celui qui est au milieu. Ceux à longue chevelure sont du côté gauche, ceux à tête rasée sont à droite. Après que chacun a salué son voisin, les musiciens commencent une longue complainte, ou plutôt une musique barbare, sans nom et sans caractère ; mais le rythme s'accentue peu à peu, les derviches en suivent le mouvement avec la tête, qu'ils disloquent sur le dos et sur la poitrine. Rien de plus insupportable à voir que cette désarticulation de la tête et les saluts répétés qu'ils se font, en se regardant avec des sourires gracieux, qui ne sont que des ricanements de faunes.

A cet exercice diabolique, la tête s'empourpre, les yeux deviennent hagards et sortent presque de leur orbite; ils sont hideux, leur chevelure balaye les nattes à chaque mouvement; nous reculons avec effroi : une myriade de points gris s'échappent de ses chevelures infectes ; c'est une nouvelle plaie d'Égypte, qui va fondre sur nous : nous voilà déjà sous le portique, et (détail à noter pour l'esthétique mystérieuse de la femme) les ladies anglaises seules osent faire tête à l'ennemi, malgré tous nos signes d'horreur.

Mais la première scène est finie; les derviches sont au repos, ils semblent inspirés et regardent la voûte fendillée comme pour lire les décrets du prophète. Tout à coup une valse bachique commence, le grand prêtre s'avance au milieu du cercle, et salue tour à tour les sectaires. Son sourire infernal devient plus satanique lorsqu'il s'adresse aux longs cheveux; il quitte le cercle après les avoir encouragés du regard, et va s'accroupir près des musiciens.

Un jeune derviche, au visage livide, le remplace. Il se met à tourner aux sons stridents de ces instruments qui accélèrent à chaque instant leur mesure, jusqu'à ce que cette valse épileptique l'ait terrassé et qu'il écume avec des râlements horribles.

Alors tous ces forcenés reprennent leur mouvement de tête; ils l'accompagnent cette fois de hurlements rauques, et achèvent de nouvelles contorsions.

Bientôt un second derviche entre dans le cercle; il tourne avec la même frénésie, étend les bras en croix et tombe à son à son tour; tous les sectaires hurlent sans relâche et en chœur : Allah! Allah! Allah!

Puis le grand prêtre rentre dans le cercle pour stimuler les derviches avec des grimaces immondes... Je me retirai, le cœur soulevé de dégoût, de cette mosquée délabrée, autour de laquelle grouillaient dans la boue une multitude d'enfants que les mouches dévoraient.

L'heure du départ pour la Haute-Égypte avait sonné, et j'étais heureux de retrouver les bords enchanteurs du Nil, pour effacer l'écœurant tableau des derviches.

V

Nos compagnons de voyage arrivent en voiture et à ânes; la gaieté est générale. Comme toujours, il y a des retardataires; quelques jeunes gens, auxquels je me joins, vont au-devant d'eux.

A peine sommes-nous près du magnifique pont en fer, chef-d'œuvre de la métallurgie française, que les retardataires arrivent à fond de train, et toujours excitant leurs montures. Un Anglais renverse deux marchands ambulants qui portaient toute leur fortune sur leur tête. Souvent les nombreuses voitures qui se croisent anéantissent ainsi quelques-unes de ces pacotilles. Notre Anglais qu'on voulait retenir, pique des deux et administre des coups de cravache au lieu de délier sa bourse. Il avait compté sans les jarrets des deux Arabes, qui le poursuivirent accompagnés d'une foule d'enfants et de femmes vomissant des injures ; chaque fois que la foule exaspérée atteignait l'Anglais, celui-ci frappait plus fort.

Il arrive enfin au bateau et s'engage sur la passerelle étroite qui y conduit ; les Arabes plus agiles soulèvent ce pont fragile et menacent de jeter l'homme à l'eau, s'il ne paye leurs marchandises ; notre Anglais se décide à jeter à cette foule affolée quelques poignées de parats ; tous les Arabes se ruent sur la monnaie, c'est une mêlée générale ; seuls les marchands, qui ne voulaient pas lâcher leur proie, n'avaient rien reçu ; cette scène dura un quart d'heure, et l'Anglais, las des menaces d'être jeté à l'eau, donna deux livres en maugréant, et vint retrouver sa femme pour faire essuyer son front ruisselant.

Les passagers s'étaient bien divertis de cette scène bouffonne et quelques-uns, pour faire durer le spectacle, jetèrent des parats dans la vase du Nil ; les gamins plongeaient pour les chercher et livraient entre eux une lutte acharnée.

VI

Le sifflet jeta un son aigu ; le vapeur, sur lequel nous étions, s'ébranla et quitta le port. Nous disons adieu à l'île de Rondah, qui se baigne dans le Nil en face du Vieux-Caire ; à son extrémité sud se trouve le fameux nilomètre qui sert à marquer les crues du fleuve. Nous donnons un dernier regard au palais d'Ibrahim-Pacha, qui s'élève au milieu d'immenses jardins, dont les beaux arbres se mirent dans le Nil ; les dômes et les minarets de Fosta disparaissent à nos yeux ; le vapeur glisse sur leurs eaux comme un cygne, et les bruits du port, vague murmure tout à l'heure, se sont maintenant évanouis tout à fait.

La féerie commence, le Nil s'élargit, semblable à un lac ; les deux rives font une opposition charmante : l'une est bordée de palais et de magnifiques jardins ; l'autre est une fertile et vaste plaine d'un vert sombre, semée de bouquets et de palmiers dont la tête se balance dans un azur diaphane. Bien loin à l'horizon se dessine avec netteté une ligne étincelante d'or : c'est le désert ruisselant sous les feux d'un soleil qui se penche au déclin ; ce plan semble fier de porter la colline où se dressent les gigantesques pyramides.

De nouveau l'on entend retentir le sifflet du vapeur ; le pavillon du *Wuaht* salue les dabhies qui passent, et les gentlemen ripostent par des décharges de carabines. Palais, jardins, ville, tout a disparu ; mais les rives n'en sont pas moins belles et n'en sont que plus admirées. Nous ne rencontrons plus que des maisons aux éclatantes couleurs, des ruines de harems, des usines nouvelles et de pauvres villages maritimes. Ici la terre des Pharaons retrouve quelque reflet de sa splendeur d'autrefois : c'est ici qu'on découvre les monuments de son histoire ; mais c'est également ici qu'on la voit se moderniser par la création de chemins de fer et de vastes usines.

Les dieux antiques n'ont plus pour encens que la fumée des hautes cheminées, qui bientôt aussi noircira les pages du Coran, dont les caractères sacrés ne sont visibles qu'à quelques fanatiques sectaires de Mahomet. Peu à peu mais fatalement, l'industrie moderne ou plutôt ses conséquences modifieront tous les usages des croyants ; leur fanatisme sera pris dans les engrenages de l'impitoyable machine, qui finira par broyer jusqu'aux derniers préjugés, et la religion chrétienne fera ensuite de cette autre machine humaine un homme aimant son Créateur.

Le Nil se déroule dans la plaine fertile et fait à chaque instant de brusques détours. A chaque village nous voyons fourmiller des enfants qui nous souhaitent la bienvenue et nous saluent au passage ; ils se jettent à l'eau sans quitter leur chemise bleue et se balancent sur les vagues, que produisent les roues du vapeur ; on leur jette du pain et des oranges, quelques passagers fendent des bouchons, y introduisent quelques piécettes blanches, et les jettent à ces enfants, qui se les disputent avec un acharnement incroyable.

Pendant ce temps les buffles quittent les champs, ils se rendent vers le Nil, et se jettent à l'eau avec une précipitation sauvage ; les chameaux passent en longue file, et semblent mépriser les instincts sybarites de ces derniers ; le fellah, heureux de la fin d'un rude labeur, rentre en chantant un monotone refrain ; de grandes barques chargées des produits de la Haute-Égypte descendent vers le Caire ; les indolents mariniers les laissent aller au gré du courant, et prient le Prophète au milieu de la fumée enivrante de leurs chibouques ; les nombreuses barques de céréales sont suivies de bandes d'oiseaux, qui dévorent le grain tout à leur aise, sans être jamais chassés.

Le soleil, en se couchant, produisait sur des myriades de palmiers un effet du pittoresque le plus saisissant ; vous eussiez dit une forêt d'arbres incendiés et portant jusqu'aux nuages les flammes qui les embrasent. Dans le désert la brise remplace le ruisseau qui, dans la vallée, fait tourner la meule ; tous deux murmurent la même chanson à l'oreille du cultivateur, en lui apportant la fraîcheur du soir : ils lui disent : Dieu bénira tes travaux.

Il est sept heures : les grandes pyramides semblent s'approcher de nous, comme portées par des cyclopes ; tout s'assombrit ; les pyramides mêmes disparaissent à un contour du fleuve, le soleil achève lentement sa course, il orange les nuages, dore les têtes des palmiers et empourpre l'horizon.

Au fond du tableau, les pyramides reparaissent enflammés des feux du soir. De nouvelles et longues files de chameaux passent sur les rives en levant leur tête inquiète comme pour humer la fraîcheur de l'air.

Les femmes et les petits enfants sont sur les bords du fleuve, les jennes filles et les garçons se baignent, le fellah reconduit ses troupeaux, et quelques vieux croyants se prosternent vers l'Orient ; les buffles repassent le Nil à la nage, et un jeune Arabe conduit le troupeau, debout sur le dos d'un de ces précieux animaux.

La nuit se fait sans crépuscule ; les plantes frissonnent,

les palmiers agitent leurs larges éventails, et la température devient presque froide. Nous naviguons par un temps superbe, et un beau clair de lune nous permet d'arriver à Bibé, village sans aucun intérêt, dont les habitants sont de vrais pillards.

Comme notre vapeur touchait la rive, le capitaine demanda au chef de l'endroit une garde pour la nuit ; celui-ci, sous je ne sais quel prétexte, refusa, et notre capitaine lui administra une correction bien sentie ; les matelots montèrent la garde, et nous passâmes une nuit tranquille.

Le lendemain, à notre lever, nous trouvâmes la rive envahie par une cohue d'Arabes, d'enfants et de jeunes filles ; les enfants étaient nus, quelques hommes quittaient leurs vêtements, les jeunes filles se mettaient à l'eau tendant vers nous la chemise bleue dont elles étaient revêtues. C'était la quête au bagchich.

Les Anglais, les Américains ouvrent le feu par une grêle de parats ; l'action est engagée, la mêlée devient générale, les jeunes garçons, les filles se livrent, aux bords du Nil, à de véritables batailles, à la grande joie des Américains ; on chasse cette foule immonde, qui se vautre dans la vase, mais elle revient sans cesse, s'exposant à être broyée sous les roues du vapeur mis en mouvement.

Nous côtoyons la rive, poursuivis assez longtemps par les clameurs de cette multitude abêtie et mendiante. Les bords du Nil deviennent monotones dans cette partie ; cependant, les tons variés de la lumière en changent l'aspect ;

les palmiers se groupent avec harmonie et charment l'œil par la grâce de leurs formes ; jamais on ne se lasse d'en admirer les mille variétés. La nature dont ils sont les fils chéris se plaît à les embellir : soir et matin, le soleil leur prodigue ses teintes métalliques; le jour sous un ciel de feu, la nuit sous un ciel d'azur, toujours ces arbres embellissent le désert, les étoiles diamantent leurs palmes, la lune les argente, la perspective des collines lointaines en fait comme un peuple de géants ; les collines rapprochées, ruisselantes des feux du soleil, en font des arbres à la chevelure d'or : leurs formes se multiplient ainsi par un effet magique sans cesse renouvelé.

Là s'élèvent des montagnes de pierre calcaire d'un blanc pâle et funèbre que rien ne peut éclairer ; dans leurs fentes sont creusées de profondes et mystérieuses cavernes, nécropoles fastueuses de générations éteintes. Plus loin, des ruines gigantesques, semblables à une montagne au milieu de la plaine. Sur les bords du Nil on voit à chaque instant des ruines chancelant sous les efforts des eaux : ici un pylone solitaire, là un colosse défiguré, tout cela égayé par de beaux villages aux maisons blanches ornées d'arabesques, aux tours carrées, refuge d'innombrables colombes; des minarets élancés sortent des touffes de palmiers ou d'acacias; sur des monticules apparaissent des marabouts, tombeaux des élus du prophète; et tout se transforme suivant le caprice de la lumière, qui varie les tableaux à l'infini.

Notre bateau marche bien, tous les passagers sont sur le pont, nous ne sommes pas loin de Miniéh, et nous avons fait une courte étape devant un vrai petit village d'opéra : chaque maison est surmontée d'une terrasse, chaque porte a ses arabesques multicolores ; au milieu d'un jardin s'élève une petite mosquée dont les aiguilles blanches dépassent les arbres ; les habitations reposent dans leur nid de verdure, et des tours carrées sont construites autour d'un palmier, dont le panache leur sert de toiture ; c'est charmant de fantaisie et de couleur locale, et pour cadre à ce tableau, une magnifique forêt de gommiers dont le feuillage frissonne sous les caresses d'une légère brise.

Nous sommes dans la joie, la Haute-Égypte nous montre déjà ses splendeurs, nous marchons d'enchantement en enchantement. Le temps est magnifique et d'une douceur merveilleuse, nous passons devant Gébel-el-Dayé, au sommet duquel est bâti un couvent copte ; les moines qui l'habitent se tiennent au haut de leur terrasse pour guetter les bateaux au passage ; on les voit courir sur un sentier vertigineux, et descendre, par une corde, dans un puits profond ; ils franchissent des rochers glissants, gagnent un escalier raide et dangereux, et plongent dans le fleuve d'une assez grande hauteur pour atteindre le bateau et mendier en le suivant quelquefois pendant plusieurs kilomètres.

Le moine qui suivait notre vapeur, était un homme très bronzé, vigoureux, de haute taille, aux formes herculéennes ; il escalade avec légèreté la barque de l'arrière, fait un signe de croix pour nous montrer qu'il était chrétien. Les dames qui étaient dans le salon de l'arrière s'enfuirent ; c'est un triste spectacle de voir ces moines demi-sauvages et dans la plus complète nudité venir mendier une obole et s'accroupir dans un coin comme de vrais singes. On jeta à celui-ci des oranges, des friandises, et il les mangea avec voracité ; le visage, tout le corps de ce colosse révélaient une rare énergie ; il resta dans la barque jusqu'à ce qu'il vît un chargement de cannes à sucre descendre le Nil ; alors il ramassa, avec de grands signes de joie, les pièces de monnaie qu'on lui avait jetées, les mit dans la bouche et plongea pour se rendre à cette embarcation. Les moines coptes sont toujours très bien accueillis des mariniers, qui en ont une crainte superstitieuse et ne manquent jamais de partager leurs provisions avec eux.

On sait que les Coptes sont les derniers débris de la race égyptienne ; comme les Juifs, ils ont gardé le caractère et la physionomie distinctive de leur race à travers tous les siècles ; ils sont presque sans mélange ; la foi chrétienne a gardé la pureté de leur race au milieu des musulmans et perpétué ainsi jusqu'à nous la vieille race égyptienne et une partie de ses anciens usages.

La population copte était encore très considérable il y a quelques années, mais elle est bien diminuée déjà, depuis ses alliances fréquentes avec les musulmans ; si ce mélange continue, elle ne tardera pas à disparaître.

Les Coptes purs seuls peuvent être admis dans les ordres religieux : grâce à cette règle, nous avons pu admirer la charpente vigoureuse du moine quêteur, qu'embellit encore une vie régulière et frugale ; de plus, dans ces couvents règne une chasteté sévère, qui force les mahométans à l'admiration ; on ne peut leur reprocher que cet amour effréné du lucre qui leur ôte toute pudeur et toute dignité.

L'ancienne langue égyptienne s'est conservée intacte dans la liturgie et dans les livres religieux, comme le latin dans l'Église romaine; c'est à l'aide de cet idiome, celte antique, que l'immortel Champollion et ses successeurs purent déchiffrer, sur les murs des temples et des palais, une partie de l'histoire des Pharaons.

Les Coptes sont chrétiens jacobites, ils ne reconnaissent qu'une seule nature en Jésus-Christ, la nature divine; ils ont de nombreuses écoles, mais pour les garçons seulement: ils écrivent peu, apprennent par cœur des versets de la langue morte ; ils parlent ordinairement l'arabe. M. Lane, qui a fait un ouvrage remarquable sur l'Égypte, a étudié à fond les mœurs si curieuses des Coptes, il en donne des détails très intéressants et cite cette particularité qu'un des traits les plus remarquables du caractère copte est la haine invétérée qu'ils portent aux autres sectes chrétiennes.

VII

Nous arrivâmes dans l'après-midi à Miniéh, nom arabe qui est Tmônéh en langue copte ; cette charmante petite ville est le chef-lieu d'une province, et compte près de dix mille habitants ; elle a un marché, des bains construits avec des ruines romaines, des mosquées, un palais pour le pacha gouverneur, et sur un monticule, des grottes funéraires, restes de la splendeur égyptienne.

Le khédive y a créé une grande industrie, une raffinerie modèle ; c'est une vraie merveille que ces gigantesques machines fournies par une grande maison de Paris. Deux hommes distingués dirigent cette vaste exploitation, l'un comme ingénieur et l'autre comme directeur ; ils ont de plus la surveillance des autres raffineries de la Haute-Égypte. On est heureux de rencontrer, loin de sa patrie, ces vrais Français, qui représentent les qualités et non, comme il n'arrive que trop souvent, les défauts de leurs compatriotes. Nous avons trouvé ici la science unie à la modestie, rehaussée par une grande distinction de manières, fortifiée par un patriotisme éclairé.

L'usine de Miniéh occupe deux mille ouvriers ; elle a des chemins de fer agricoles, des chameaux apportant à l'usine les cannes à sucre qui, disposées sur l'échelle sans fin de la machine, sortent en sucre brut ; elles donnent encore la liqueur du rhum et du tafia. Le sucre fourni par l'usine du khédive est de première qualité, et le produit de toutes les usines de l'Égypte pourrait suffire à la moitié de la consommation de la France, qui d'ailleurs, on le sait, en absorbe une énorme quantité.

Après notre visite à l'usine, nous sommes allés nous reposer au café arabe ; c'était le plus élégant du pays ; il est vaste, orné de soixante lanternes aux formes, aux couleurs et aux dimensions les plus variées ; les jours de fête, elles sont toutes allumées, et en ces circonstances, les almées viennent danser en public. accompagnées de leurs bouffons.

Rien n'est curieux comme un examen attentif des mœurs de l'Orient dans leurs plus petits détails ; on y retrouve, au XIXe siècle des habitudes qui remontent à la plus haute antiquité, et qui se sont perpétuées d'âge en âge : ainsi nous avons remarqué, dans cet établissement arabe, un comptoir, un fourneau et divers objets en tout semblables à ceux que nous avons rencontrés à Pompéi et dans l'intérieur des temples égyptiens. Les murs sont garnis d'amulettes de tous genres, destinées à écarter les maléfices, les serpents, le mauvais œil ; on y voit aussi suspendus les bibelots les plus fantastiques et les plus étranges, bibelots que je reconnus après avoir fouillé dans mes plus vieux souvenirs mythologiques.

Dans un angle était dressé un autel recouvert de vieux

tapis persans, ornés de vases, de flambeaux à deux branches, et de quelques ustensiles symboliques et mystérieux. Sur un petit trépied de cuivre blanc gisaient des cartes cabalistiques, pour dévoiler l'avenir aux fils crédules du Prophète ; chaque nuit ce café ne désemplit pas, et au milieu de la fumée des chibouques, des narghilés et de la moderne cigarette, on se raconte les nouvelles de la journée, on boit force tasses de café ; on joue, on discute, on se querelle tout comme dans l'Europe civilisée. Une chose m'a vraiment surpris, c'est la parfaite tenue de l'établissement ; il est vrai que là se réunissent les hauts personnages du pays.

Comme nous n'avions pas d'antiquités à visiter, nous passâmes quelques heures dans ce café. Je causai assez longtemps avec le maître, qui se croyait certainement la plus forte tête du lieu ; ses yeux bruns étaient animés d'un feu sombre, et son front jaune brillait comme une plaque d'étain ; il parlait lentement et levait constamment ses regards vers le ciel, comme pour y chercher ses pensées. Lorsque je lui eus dit que j'avais entendu parler de lui au loin, il devint plus expansif et me fit de nombreuses confidences sur le pays.

J'appris à connaître en quoi consiste la morale musulmane, ce qui se cache de corruption sous l'apparente impassibilité des sectateurs de l'islam. Quelle lèpre hideuse est ce mahométisme attaché aux flancs du monde chrétien ! Qui donc nous délivrera pour toujours de cette plaie orientale ?

Il faut en finir, il faut neutraliser le Bosphore, comme on a neutralisé la Suisse et la Belgique. Les peuples alors, comme les princes, pourront venir en paix aspirer cet air doux et jouir de ce coup d'œil incomparable ; le fétichisme mahométan sera balayé par la civilisation européenne. Assez de sang chrétien a arrosé cette terre du soleil. Aujourd'hui les enfants du Prophète ne peuvent plus faire trembler l'Europe, mais ils se sont transformés en un brandon de discorde qui doit disparaître. Les Turcs, qui connaissent nos rivalités, se croient invulnérables ; ils savent que les peuples chrétiens se ruinent par des armements insensés, et, pour achever cette ruine, ils volent l'or des chrétiens, ne pouvant leur prendre assez de sang !... Voilà la terrible et cruelle vérité : l'Europe ouvrira-t-elle enfin les yeux ?...

VIII

Je crois avoir exprimé les vrais sentiments des Français. Que nous importe, à nous, cet empire vermoulu des Osmanlis ? Nous ne sommes plus qu'un peuple livré à la régénération et au travail ; la démagogie fait bien entendre ses sauvages rugissements, mais les bêtes fauves se dévoreront entre elles et la vraie France obtiendra l'ordre, le travail et la paix.

Le soir, toute la société du *Wuaht* était réunie dans le

vaste salon d'un consul ; le café et le raki circulaient sans interruption, on causait par l'entremise des gracieux Français qui dirigent l'usine du khédive et par notre drogman chef. Le consul, homme très aimable et très aimé dans le pays, est un type de délicatesse et d'honneur, chose rare pour un Arabe.

Au milieu de la soirée, la porte du fond s'ouvrit, et les plus belles almées du pays firent une entrée solennelle ; elles avaient des costumes chargés de broderies, d'or et de paillettes de toutes couleurs ; dans leur chevelure et à leur cou pendaient des sequins d'or. Elles s'accroupirent et les musiciens formèrent un cercle derrière elles. Nous fûmes naturellement l'objet de leur examen assez réservé d'abord, et ce n'est que lorsque le café et le raki leur furent servis en abondance, qu'elles prirent plus de liberté.

Ces danseuses sont le divertissement des grands jours de fête ; il y en a de toutes catégories ; celles qui allaient danser devant nous étaient de la première et faisaient l'ornement des fêtes du sérail. Sur un signe du consul elles se levèrent et commencèrent la danse en s'accompagnant de crotales, espèce de castagnettes. La danse des almées est une marche cadencée sans grand caractère, avec dislocation des hanches, avec mouvements de bras et poses plastiques d'abord, puis lascives. Les lumières, le scintillement des paillettes, les regards provocateurs de ces femmes, donnaient à cette danse quelque chose d'étrange, mais qui n'a vraiment aucun charme. Nous restâmes assez tard, les rafraîchissements se multiplièrent et les almées y firent honneur.

IX

Le lendemain à sept heures on lève l'ancre et nous quittons la jolie petite ville de Miniéh.

L'Égypte moderne est loin d'avoir retrouvé, en agriculture, le degré de perfection auquel était parvenue l'Égypte ancienne ; chaque jour on trouve des travaux d'irrigation qui conduisaient les eaux bienfaisantes jusqu'au pied des coteaux.

Les murs des temples et des palais renferment le secret de cette grandeur : les antiques maîtres de l'Égypte avaient associé à toutes leurs joies, à tous les grands actes de la vie, la compagne que Dieu leur avait donnée ; il ne faut pas confondre les mœurs égyptiennes et les mœurs musulmanes ; la femme épousée par les rois était toujours de grande famille, elle avait une demeure dans le palais et n'était point séquestrée comme les femmes musulmanes. Le respect de la femme fait la force d'une nation, et quand on respecte une chose, on ne l'avilit pas. Un peuple qui a des mœurs pures, grandit, prospère et étend son influence sur ses voisins, surtout quand ces derniers sont idolâtres, ou, qui pis est, mahométans.

La grandeur des Pharaons reposait sur le respect de

l'autorité royale et le sentiment profond de la famille et d'une saine morale; voilà le secret de la longue durée de leur empire. Sans doute les richesses excessives corrompent les mœurs, mais les arts en sont le palliatif.

Les monuments publics, les statues, les obélisques, les bijoux, étaient chez les Égyptiens comme un dérivatif de la trop grande aisance; jamais peuple religieux ne fit plus qu'eux pour le culte et les autels : modestes, sobres, laborieux, ignorant le faste dans leurs demeures particulières, ils avaient au plus haut point le sentiment de la grandeur dans les temples de leurs dieux et les palais de leurs rois ; là ils prodiguaient toutes leurs magnificences, et cela par le travail même de leurs bras.

Les Pharaons et les prêtres égyptiens adoraient un Dieu unique, mystérieux, et dont l'image aussi bien que la doctrine était conservée loin des profanes, au fond du sanctuaire. Les autres divinités n'étaient que les dérivés de ce Dieu caché, et on les faisait adorer exclusivement au peuple, afin qu'il n'eût pas même l'idée d'un Dieu suprême.

Quant à la puissance de Mahomet, il n'est pas difficile d'en trouver l'explication. C'est chez des peuples à la constitution physique robuste que s'introduisit le Coran; c'est à leurs passions impérieuses qu'on fit appel : ainsi furent domptées et endormies ces bêtes sauvages.

Pour remplacer la charité on inocula aux mahométans la haine des autres peuples; il fut aisé de remplacer les restes de leurs idées morales par la bestialité. Aussi le jour de l'anéantissement du mahométisme pourrait être calculé sur l'apauvrissement du sang de ces fortes races; le terme en est proche; il a commencé par les grands, qui avaient l'or pour user de la polygamie au gré de leurs passions: les gens du bas peuple, toujours pressurés, ont conservé un type relativement moins abâtardi; leur pauvreté les garantit contre cette dévorante luxure. Les sentiments de la famille, au contraire, sont nécessairement étrangers aux princes et aux grands; leurs enfants, depuis des siècles, ne sont élevés que par des esclaves du plus bas étage. La beauté morale, l'élévation et la distinction des caractères, en pays musulman, sont choses absolument inconnues; la beauté purement physique prime tout. Aussi depuis de longues années, cet empire, autrefois redoutable et qui vainquit tant de nations chrétiennes, est en pleine et irrémédiable décomposition.

Les novateurs conquérants ont pu glaner les restes des empires, berceaux de la civilisation du monde, où avaient fleuri les arts et une richesse jusqu'alors inépuisable; mais aujourd'hui que ce peuple a vu tarir tout le sang de ses veines, on ne trouverait chez lui presque plus rien à détruire, comme on ne trouve sur son vaste territoire plus rien à récolter. Seuls les arts ressuscitent d'Égypte. Les musulmans ont vécu, pareils à ces arbres dont l'orage jette la semence dans la terre vierge et inculte d'un rocher; cette semence grandit, prospère et devient un arbre au feuillage exubérant, à la taille démesurée; il répand une ombre précoce sur les plantes et arbrisseaux de pleine terre; mais aussitôt que les racines ont épuisé l'humus fin et léger des fentes du rocher, la sève se tarit et l'arbre meurt. Ainsi finira l'arbre de Mahomet, après avoir jeté sur tant de peuples une ombre pernicieuse. Aux édifices il faut de solides assises, et aux grands arbres une terre profonde; le christianisme est l'éternelle fontaine de jouvence des peuples, il faut se baigner dans ses eaux claires et fécondes pour devenir et rester fort et vigoureux.

L'Égypte est dans un état complet de transformation matérielle; mais pour revenir réellement à la vie, pour croître et se fortifier, cette société doit arracher de son sein le germe pestilentiel de la polygamie, qui abâtardit l'intelligence, qui fait de l'homme une sorte de machine perfectionnée peut-être, mais qu'on ruine en la surchauffant sans cesse et dont le combustible incandescent a dévoré les principaux organes.

Jamais régénération sociale ne saurait se faire que par le christianisme; étincelle divine pour l'âme des peuples, il les éclaire sur leurs devoirs, les guide dans la voie du travail noblement accepté, d'un travail créateur et civilisateur.

L'histoire l'atteste, les peuples ne peuvent grandir et prospérer que par le christianisme; seul il indique à chacun son lot imposé par les lois divines; seul il apprend que l'intelligence est donnée à tous pour réussir avec un travail persévérant qui constitue d'abord la famille et, par une longue suite de labeurs, donne la puissance et la richesse ; seul il montre à l'homme le plus noble usage de ces biens ; seul enfin il le prépare et le conduit au bonheur : or nul pays n'a plus besoin que l'Égypte d'une tutelle si salutaire, pour marcher dans la véritable voie du progrès.

De nos jours, il est trop vrai, nous avons en pleine Europe une plaie nouvelle, plaie qui gagne successivement tous les pays chrétiens pour les détruire : c'est l'athéisme. Plus insensé, plus redoutable que Mahomet lui-même, l'athée enseigne que Dieu n'existe ni au ciel ni sur la terre, que l'homme sans croyance, que l'impie, est supérieur aux autres mortels... C'est le vol de la conscience organisé au grand jour, et la plus exécrable des doctrines. On veut ravir au laborieux père de famille l'espérance en une vie meilleure, afin de pervertir sa nature, de nourrir son esprit avec le mensonge et son cœur avec le mal, puis d'en faire un marche-pied qu'on méprise ensuite audacieusement. Telle est l'exploitation cynique d'imposteurs qui menacent de nous abaisser au niveau de la race turque.

Mais que les peuples reviennent à l'Évangile, et ils seront grands. Dieu a donné à chacun d'eux, au plus petit comme aux autres, un génie particulier, qui le rend supérieur à ses voisins pour certaines choses, certains produits qui lui sont propres. Les peuples, quelque grands qu'ils soient, ne doivent pas concevoir de leur puissance guerrière, de la fécondité de leur sol ou de toute autre supériorité une vanité déplacée : on a toujours besoin d'un plus petit que soi, c'est la loi naturelle de l'humanité ; mais toujours une nation peut être grande par son travail et ses bonnes mœurs; pas n'est besoin de se frayer un chemin dans le sang de ses voisins ; assez de luttes, un peu plus de fraternité; qui veut être le premier peuple, qu'il le soit par la morale et la religion.

Ces longues digressions sont nécessaires pour montrer que les peuples, comme les familles, ne peuvent asseoir une prospérité durable que sur la religion et la morale. Voilà les bases immuables sur lesquelles l'Égypte nouvelle doit absolument s'appuyer; disons-le-lui bien haut, nous qui lui portons un intérêt profond et qui souhaitons sa résurrection, son bien-être et sa grandeur. N'est-elle pas déjà la clef du monde?

X

Pendant que mon crayon traçait à grands traits ces quelques lignes de morale universelle, le *Wuaht* parcourait des rives enchanteresses. Je quittai mon carnet de voyage pour me livrer à une muette admiration : le ciel est limpide et d'une transparence inaccoutumée ; on dirait que le regard va percer la voûte céleste pour contempler les merveilles qui nous y sont cachées.

Nous allons enfin visiter les premiers tombeaux égyptiens, ceux de Béni-Hassan-el-Gadim. Un village s'élevait autrefois aux pieds des grottes funéraires ; mais, comme il était devenu un repaire de bandits se refusant à toute espèce d'impôts, le gouvernement prit la résolution de le détruire : à la suite d'un guet-apens où furent assassinés plusieurs Européens, on le fit entourer de troupes, tous ses habitants furent exterminés, et on le réduisit en cendres.

De l'endroit où nous nous trouvions, trois kilomètres nous séparaient des grottes creusées dans une montagne, qui s'élève à cent mètres au-dessus du Nil; les excavations sont nombreuses et nous en avons visité les plus importantes. Ces grottes, nous dit Champollion, remontent à la plus haute antiquité; il en est une qui date de trois mille ans avant Jésus-Christ; son entrée est ornée de colonnes qu'on dirait appartenir à l'ordre dorique et qui feraient douter de cette date éloignée, si des hommes de la valeur de M. Mariette ne la donnaient pas comme exacte.

On ne pénètre pas sans une grande émotion dans ces tombeaux, où nous allons voir fidèlement représentés les Égyptiens d'il y a près de cinq mille ans : ils s'y livrent aux travaux favoris de l'agriculture, au labour, à l'ensemencement, à la récolte et à l'élevage des bestiaux ; on voit par le soin qu'ils donnent à ces animaux, qu'ils faisaient d'eux leur principale richesse, leurs vrais compagnons de tous les jours, qu'ils vivaient avec eux presque d'une vie commune, qu'ils leur prodiguaient la même tendresse qu'à leurs propres enfants; leurs noms y sont indiqués : ce sont des antilopes, des bouquetins, des ânes, etc.

Plus loin nous voyons tous les exercices du corps, une dure gymnastique qui prépare aux fatigues de la guerre ; de grandes barques sur le Nil s'exercent à la navigation, qui doit un jour porter au loin la fortune des Pharaons. Les tableaux toujours intéressants nous montrent les jeux, la danse avec des poses charmantes, le chant et la musique représentés par une lyre, et bien d'autres détails qui nous prouvent que ce peuple, si éloigné de nous, marchait d'un pas assuré dans la civilisation et les arts.

Mais le groupe de voyageurs studieux qui examinait avec soin ces sujets, décrits dans Champollion, fut frappé du plus grand étonnement à la vue d'un de ces tableaux aux couleurs toutes fraîches, dont nous avons déjà vanté l'étonnante conservation. Je croyais, tant j'avais été saisi, avoir devant les yeux une scène biblique, l'arrivée d'Abraham en Égypte. Mon érudit compagnon dissipa vite cette erreur, bien excusable du reste. Ce tableau est antérieur au fait même dont je viens de parler ; la scène se passe sous le règne d'Ousertésen Ier, de la XIIe dynastie, et représente de nombreux membres d'une tribu asiatique appelée Amon (d'après Mariette, Amon, qui veut dire pasteur, bouvier, est le nom générique des races syro-arménienne) ; ces personnages offrent des présents au grand ministre du Pharaon ; ils sont là avec tout ce qu'ils possèdent, armes, bagages et animaux, et viennent demander la permission de s'établir en Égypte avec leurs femmes et leurs enfants; ce qui leur est accordé, leur figure martiale plaît au ministre du roi, qui, debout, les reçoit avec bienveillance.

Nous descendons la colline, l'esprit rempli de ces souvenirs si reculés, et nous sommes joyeux comme si nous avions fait une nouvelle découverte. Nous visitons d'autres antiquités, qui nous laissent froids après les merveilleux tableaux que nous venons de voir, entre autres un petit temple de Diane, creusé dans le rocher, et dont l'entrée est ornée de colonnes carrées : ce monument n'offre rien de bien remarquable.

Mes compagnons de voyage parcouraient en tous sens, le *Guide* à la main, ce désert aride, que peuplaient les souvenirs de cette première civilisation, entrevue à travers le voile des siècles. Seul, à l'écart, assis sur les débris arrachés au cœur de la montagne, je me laissai aller à quelques impressions bien faites pour attendrir mon cœur : ma pensée venait de s'envoler à travers les espaces; je revoyais ma chère patrie.

Cette image d'une douceur inexprimable m'attardait et finissait par assombrir mon front. Je voulus secouer ma tristesse, je me levai; mais à l'instant même une multitude d'hirondelles vint voltiger autour de moi; quelques-unes effleuraient le voile de mon chapeau, comme pour me dire à l'oreille quelques mots de leur naïf langage; sans doute elles m'avaient reconnu, elles venaient ici me remercier de l'hospitalité de mon toit européen; peut-être elles avaient à me donner des nouvelles de ceux que j'aimais. Je leur répondis avec délices et leur jetai quelques miettes de mon pain. Oh ! sûrement elles m'ont compris, elles ont été heureuses d'entendre ma voix qui, au printemps, salue leur retour par un refrain de nos montagnes.

Elles ne cessaient pas de voler autour de moi, comme pour m'arracher le secret de ma tristesse.

« Quand, leur dis-je, à la belle saison, vous retournerez dans vos anciennes demeures, suspendez à votre bec le rameau d'olivier, semez-le sur le sol de la France, afin de cacher le sang qui a coulé, et de répandre dans les cœurs de tous les enfants de la même patrie cet amour qui dans le passé faisait sa force principale, et dans l'avenir la rendra puissante et respectée. »

Les hirondelles m'avaient écouté ; elles prirent un vol rapide, elles montèrent, montèrent toujours vers le ciel... N'allaient-elles pas y chercher au pied du trône de Dieu la consécration de mes paroles ?

Une chaleur tropicale régnait dans ce désert funèbre, je descendis lentement les collines brûlantes et gagnai avec bonheur la langue de terre d'une éclatante verdure, qui forme un si fort contraste avec les alentours ; nous traversâmes de riches cultures pour aller visiter les ruines d'Antinoé, ville fondée par l'empereur Adrien ; il ne reste que des décombres au milieu de maisons arabes, et de grands palmiers qui ombragent et poétisent le village de Cheikh-Abaddéh ; ce village a remplacé la ville qui était surtout remarquable par sa large rue droite, ouverte par un riche portique, que supportaient d'élégantes colonnes.

Que de ruines amoncelées dans ce pays, non seulement par les siècles, mais encore et surtout par la main barbare des Turcs ! Heureusement le khédive a mis une barrière au vandalisme ottoman : le monde lui gardera une profonde reconnaissance pour les services rendus à la science et à l'histoire.

Le soleil se couchait et jetait par instants d'immenses gerbes de lumière, qui, semblables à des feux d'artifices, éclairaient au loin l'horizon ; puis le ciel reprenait son rose tendre, le désert son effrayante obscurité; la nuit enveloppa la terre et y déposa sa rosée pour la rafraîchir des ardeurs du jour.

Le lendemain nous descendons au village d'El-Hamra qui sert de port à la charmante ville de Siout ; les bords du Nil dans cette partie de l'Égypte sont ravissants ; mais le temps ne nous permet point de les visiter; nous laissons de côté quantité de ruines, entre autres celles de plusieurs monastères qui s'élevaient autrefois dans cette solitude. Partout sur les rives du fleuve, dans ses contours infinis, il y a quelques curiosités : on nous signale de charmantes petites villes, des grottes dignes d'être vues et des peintures du plus haut intérêt; ce n'est que dans un second ou troisième voyage que l'on pourrait se consacrer à tous ces détails.

Nous voici à Siout, située près du port; une jolie

promenade plantée de beaux arbres conduit à la porte principale. La ville est entourée d'une muraille de briques crues avec un fossé large et profond, qui n'est qu'un cordon d'arbrisseaux fleuris et embaumés ; tout autour de cette enceinte s'étendent de vastes jardins d'une luxuriante végétation, ce sont des mimosas parfumant l'air d'agréables senteurs, des gommiers aux feuilles dentelées, des palmiers gigantesques aux larges panaches.

Nous franchissons la porte de la ville, du côté du Nil, et nous nous trouvons sur une jolie petite place, ornée de sycomores séculaires, qui ombragent de charmantes maisons bâties en pierre et avec un luxe prodigieux, même pour les palais nouveaux. Quelques hauts fonctionnaires sont accroupis sur le seuil des habitations, ils fument avec fierté leur chibouque, et semblent vouloir affirmer qu'ils sont les maîtres de ce coin du paradis de Mahomet.

Siout, qui compte 25,000 habitants, dont 20,000 Coptes, était autrefois la capitale de la Haute-Égypte ; elle n'est plus aujourd'hui que le chef-lieu d'une riche province. La ville est divisée en quartiers fermés, ce qui fait autant de petites villes entourées par une commune enceinte. Il n'y a que quelques rues larges couvertes d'une charpente de roseaux pour les garantir de l'ardeur du soleil; les bazars y sont beaux et très bien fournis, on y fait de très jolie poterie d'un caractère original; la sellerie est très élégante et rivalise presque avec celle de Damas ; on y fabrique une infinité d'objets, et les caravanes en apportent du Darfour une quantité de toute provenance, on en comprendra l'importance, quand on saura que la grande caravane de chaque année se compose de plusieurs mille chameaux. Il s'y trouve des bains, comme dans toute ville importante.

Siout a de belles mosquées avec des minarets élevés, elle a aussi un évêché copte et un célèbre couvent, où nous avons puisé de précieux renseignements, ce qui, entre autres, nous a mis dans le cas de donner quelques détails ignorés sur la fondation d'Alexandrie.

C'est dans ce couvent copte qu'on amène secrètement les jeunes esclaves pour les mutiler afin d'en faire des serviteurs pour les sérails ; le gouvernement ferme les yeux, ainsi le veut l'aimable civilisation musulmane. Quelle honte pour l'humanité !

Un personnage important de Siout est un très riche consul copte, homme charmant et affable, aimé et estimé de toute la province. Mais cet homme se distingue par la plus étrange singularité : il pratique à la fois les deux religions, copte et mahométane, et, chose étonnante, il sait tenir une balance exacte entre ces deux cultes ; il a épousé une femme fort belle, qui trône dans son palais et reçoit assez volontiers les étrangers de distinction ; un magnifique harem, entretenu avec le plus grand luxe se trouve au milieu de ses jardins. Ce Copte descend d'une des plus anciennes familles égyptiennes, ses aïeux connus remontent à plusieurs siècles avant l'invasion arabe. Il est lettré, mais peu communicatif ; cette réserve ferait penser qu'il a peur de divulguer les secrets de la grandeur de l'Égypte ancienne, pour laquelle il professe la religion des souvenirs, aussi aime-t-il les étrangers qui lui parlent de la puissance des Pharaons. Il fait de grandes largesses, ses serviteurs sont fanatiques de sa personne, et le regardent comme un roi. La conduite énigmatique de cet homme permet de supposer qu'il nourrit l'espoir que sa race sera un jour appelée à ceindre la couronne pharaonique. En tous cas s'il existait un troisième culte à Siout et que les adhérents en fussent nombreux, il est bien sûr qu'il suivrait tout aussi exactement cette religion que les deux autres.

Nous visitâmes les jardins qui entourent la ville ; ils sont magnifiques et d'une riche végétation. A l'ombre de ces beaux palmiers, chaque année fournit plusieurs récoltes, ce qui fait de cette fertile province une des plus riches de l'Égypte.

Nous gravîmes la colline formée des décombres de l'ancienne Lycopolis, sont les restes sont enfouis sous les débris des masures arabes. Sur les hauteurs qui sont à peu de distance de Lycopolis apparaissent les grottes funéraires de la ville détruite ; elles n'offrent aucun intérêt, si ce n'est leur haute antiquité ; nous en gravissons les cimes pour réjouir nos yeux d'une belle vue sur le Nil et ses plaines fécondes; au retour, nous allons nous reposer dans les jardins vraiment orientaux du palais du gouverneur.

Nous quittons à regret la charmante ville de Siout, emportant quelques spécimens de ses plus beaux produits.

XI

Les villages maritimes que nous voyons en remontant le Nil se ressemblent tous; les maisons ne sont que des tours élevées, avec des créneaux et des branches de bois, où roucoulent les pigeons ouvriers du khédive; le guano est mêlé au limon du Nil, et sert d'engrais pour certaines productions; ces tours sont généralement construites autour d'un haut palmier dont le panache sert de toiture; l'étage du bas est la demeure du fellah. Rien de plus pittoresque que ces beaux arbres enveloppant les tours blanches aux portes cintrées et ornées d'arabesques de couleurs voyantes; la mosquée, la maison rouge du chef du village et la famille sur le seuil de la tour donnent à ces villages une poésie incomparable.

La vie commune se passe en plein air; toujours le chef de famille est immobile, accroupi devant sa demeure, contemplant les spirales de fumée de sa chibouque; les jeunes hommes et les enfants sont rangés en demi-cercle et fument la cigarette; les vieilles femmes vaquent à quelques travaux domestiques et chassent les poules qui viennent becqueter la farine boullie pour le repas du soir. Les jeunes filles en troupes descendent vers le Nil; les jeunes mères les suivent, le dernier-né sur l'épaule et l'amphore sur la tête; à peine arrivées, les plus jeunes se jettent à l'eau et luttent entre elles, jusqu'à ce que le fellah amène les buffles se baigner; c'est le signal de la retraite : elles tordent leurs chemises bleues que la brise du soir séchera en chemin, s'aident entre elles à charger les lourdes provisions d'eau qu'elles portent allègrement sur la tête, et regagnent leur domicile, souvent très éloigné. Ce sont des tableaux de chaque jour, que nous ne nous lassions pas de contempler, tableaux d'une simplicité biblique, dont le souvenir ne sortira jamais de notre mémoire. Peut-être les générations qui depuis des milliers d'années offrent un tel spectacle sont-elles les seules à en ignorer le charme.

Nous remontons le Nil par un temps magnifique. Notre occupation est de tirer les oiseaux aquatiques qui courent sur les bancs de sable et se balancent sur les vagues.

Nous avions vu en passant ces fameuses montagnes de la Thébaïde et ces grottes sombres, où reposent les momies, les crocodiles dorés, dieux de l'ancienne Égypte. Le souvenir de tous les grands saints du désert me revint à l'esprit : il me semblait que Dieu, dans son immense mansuétude, avait envoyé là ses plus parfaites créatures afin d'apaiser sa colère pour tant de profanations faites contre la divinité, et pour que la pénitence et la prière de ces fidèles serviteurs expient les crimes des siècles passés; voilà à quoi servent ces solitaires, voilà où l'on reconnaît la bonté infinie de Dieu!

Le soir, après un dîner fort gai, où les paris des tireurs

malheureux nous avaient fait goûter le champagne du drogman, je me trouvai sur le pont du bateau, paresseusement étendu sur un divan, écoutant le comte de C., qui jouait le *Carnaval de Venise;* aux premiers sons de cette douce mélodie, le choc des verres avait cessé; on l'écouta jusqu'au bout et avec délices ; puis on envahit le pont ; les dames formèrent un groupe à part, et chantèrent à mi-voix une ballade écossaise.

L'intimité s'était faite entre les passagers, qui semblaient former une grande famille ; j'examinais en silence et dans le ravissement le soleil qui ne voulait perdre aucun de ses droits à l'admiration et me charmait par la beauté de ses tableaux ; il changeait les montagnes en saphirs, et le Nil se revêtait tour à tour de la pourpre des rois, du manteau d'or des grands prêtres, des couleurs prismatiques de l'arc-en-ciel ou du spectre solaire.

Les rives droites se paraient aussi comme aux grands jours de fête ; le sable se diamantait, les palmiers étaient d'or et le bord du fleuve resté dans l'ombre étalait sa verdure d'émeraude, semblable aux lapis qui décoraient l'autel des dieux de l'ancienne Égypte. Les colombes roucoulaient dans leur demeure aérienne une dernière chanson d'amour et s'endormaient bercées par la brise.

Ce magnifique tableau s'effaça subitement ; sur nos têtes il n'y avait que l'azur du ciel ; à nos pieds le Nil n'offrait plus que ses brumes.

Nous fîmes une halte, le lendemain, à Akmin, ville qui

de la rive, offre le plus pittoresque effet ; elle est au milieu d'un vrai jardin, et se présente à nous sous la forme de deux triangles. Elle a de nombreuses tours carrées, des mosquées, de hauts minarets, des maisons cachées sous de beaux gommiers, des parcs de sycomores plantés sans ordre près de ses portes, de riches champs de cannes à sucre qui ondoient sous le vent du soir ainsi que les blés de nos chères campagnes ; c'est l'ancienne Panopolis, célèbre par ses monuments et son importance ; mais il n'en reste que des ruines. La ville nouvelle compte aujourd'hui dix mille habitants, elle a des marchés deux fois par semaine et des bazars assez bien approvisionnés ; les curiosités sont rares : notre visite est courte.

XII

Nous continuons notre route. Quel enchantement ! le ciel est éclairé d'une lueur splendide, et la terre, le fleuve, les montagnes, en sont comme autant de réflecteurs ; nous sommes entourés d'un nuage de pourpre et d'or, pas le moindre azur, pas de teinte dégradée, tout est en feu ; nos visages sont transfigurés, nous nous regardons tour à tour comme des êtres fantastiques, et les plus philosophes se trouvaient sous l'empire d'une sorte de crainte, comme à l'attente d'un phénomène.

Il semblait que quelque chose de nouveau dût se produire, bien que les tableaux féeriques se multipliassent devant nous : là un village entouré de plantations, un autre au milieu du désert, sombre, triste ; pas un arbre ne l'abrite, pas un brin d'herbe ; il est comme dans une fournaise ; ici des ruines inondées des feux du soleil qui éclaire ces pages de pierre, où le savant lit les merveilles de la civilisation pharaonique ; sur la haute colline calcaire de la rive gauche, nous apercevions le dernier couvent fortifié des Coptes, véritable forteresse, où sont accumulés des trésors et où l'on enseigne une théologie sans les principes de cette vertu qui font l'incomparable religion romaine, la charité. Bientôt derrière ces puissantes murailles il ne restera plus que des trésors matériels ; la science disparaît peu à peu ; après chaque décès des moines centenaires les nouveaux négligent cette tradition vitale. Le soir, vers le coucher du soleil, quelques-uns descendent la montagne pour cultiver la courte langue de terre que borde le Nil ; nous avons vu dans cette même soirée le corps bronzé de ces hommes robustes, courbés par un rude labeur ; le soleil commençait à baisser ; quand ils se relevaient l'ombre de leurs corps dépassait la colline et nous rappelait les cyclopes de la fable : cette gigantesque image est encore dans ma mémoire.

La nuit se fit ; dans le lointain nous ne vîmes plus que des lueurs phosphorescentes ; l'air était doux, les nuages de feu avaient absorbé l'humidité de la terre, je restai longtemps à contempler cette nuit resplendissante. J'interrogeai les étoiles sur les mystères du ciel ; la prière vint sur mes lèvres... N'est-elle pas le télescope qui nous montre le ciel dans sa plus intime réalité ?

Nous ne naviguions plus ; l'ancre était tombée lourdement dans le fleuve, les matelots amarraient le vapeur à de solides pieux, afin que notre repos ne fût pas interrompu par le roulis. Nous sommes à Girgéh, ville qui n'offre aucun attrait : c'était autrefois le chef-lieu de la province, mais elle a perdu sa suprématie. Tout près de là s'élève un couvent latin, le plus ancien de l'Égypte. Les sceptiques peuvent visiter les couvents restés dans le giron de l'Église romaine, ils verront où demeurent la science, la vertu et les vrais principes chrétiens.

La religion chrétienne pratiquée hors du sein de l'Église catholique romaine a quelque chose de la reproduction par bouture : celle-ci donne bien un arbre de la même essence, mais il est maigre, tortueux, souffreteux ; tandis que le produit du semis est robuste, bien fait, et que sa tige s'élève hardiment et directement vers le ciel : voilà bien la différence qui sépare les sociétés dissidentes de l'Église mère ; la graine de l'arbre catholique se trouve dans le cœur des papes, qui la transmettent intacte de pontificat en pontificat jusqu'à la fin des siècles.

De nombreuses barques étaient amarrées sur la rive ; les feux étaient allumés ; le silence régnait partout, le matelot de garde dormait ; j'étais heureux de cette solitude qui me laissait tout entière la jouissance des beautés grandioses de cette nuit.

J'allais enfin regagner ma cabine, quand un chuchotement arriva à mes oreilles, je me penchai et vis à l'arrière du bateau une grande barque chargée de paille hachée ; un feu était encore allumé dans un *brasero ;* des hommes bronzés se chauffaient tout autour, ils étendaient sur le brasier leurs mains chargées de bagues.

Un vieillard à longue barbe blanche, la tête ornée d'un turban de couleur sombre causait à voix basse et s'arrêtait quelquefois pour lancer de longues spirales de fumée dans laquelle il semblait chercher son récit que le cercle écoutait attentivement. Peu a peu la voix du conteur s'anima et à de longs intervalles je pus saisir quelques mots qui me mirent sur la trace du sens de leur récit : plus de doute, j'étais en face d'une bande de chercheurs d'antiquités qui vendent leurs trouvailles aux étrangers ou aux juifs. L'orient blanchissait, déjà quelques teintes brodaient l'azur du ciel, je descendis réveiller mon drogman qui alla trouver les hommes bronzés ; je ne m'étais pas trompé, c'était bien de ces chercheurs, et après des débats infinis, je pus acquérir plusieurs objets qui sont un des souvenirs de mon voyage en Orient.

XIII

Nous avons levé l'ancre; nous faisons route pour Kénéh; la matinée est magnifique, mais les rives du Nil, dans cette partie, sont, plusieurs heures durant, d'une désespérante monotonie. Enfin nous apercevons des palmiers baumes peu élevés, qui se divisent toujours, à quelques mètres du tronc, en trois grosses branches; les feuilles sont en forme d'éventails, avec des pointes très aiguës, dont les piqûres sont dangereuses; ces arbres se montrent par petits groupes, rarement ils forment une forêt.

Les montagnes se rapprochent des rives, elles étincellent d'une brillante couleur d'améthyste qui éblouit les yeux; elles sont pour ainsi dire diaphanes et forment un tout harmonieux avec les branches d'émeraudes qui frangent leurs pieds. La scène change à un brusque contour du Nil, et nous apercevons un beau village, qui se repose mollement sur un mamelon vert comme un enfant sur un moelleux duvet; les maisons s'abritent sous de hauts palmiers, les plus beaux que nous ayons vus en Égypte, et des chameaux attendent sur la rive leur embarquement pour le Caire.

L'horizon s'élargit, le Nil roule des flots d'or, le paysage perd sa monotonie et prend des formes riantes; les palmiers baumes se groupent en plus grand nombre et dressent leurs éventails sur des collines de sable argenté ; sur les arêtes vives des coteaux s'élèvent des moulins à vent qui étalent leurs ailes tantôt blanches, tantôt colorées, suivant le caprice du soleil.

Les oiseaux au plumage varié viennent par bandes sur les ailes du moulin et en suivent pendant quelques instants le mouvement, soit pour lutter avec elles, soit pour s'abandonner au courant d'air qu'elles entraînent.

Tous les passagers étaient sur le pont, admirant la beauté du paysage; la journée était chaude, mais nul ne s'en plaignait, la gaieté régnait sur tous les visages; les yeux charmés erraient sur l'attrayant panorama qui se déroulait devant nous ; les cultures s'arrêtaient brusquement au désert brûlant et destructeur, et ce contraste lui-même n'était pas le point de vue le moins pittoresque du tableau.

A chaque instant le pavillon et le sifflet du vapeur saluaient les dahbies, qui nous répondaient par un feu de mousqueterie; les jeunes passagers ripostaient, tout en ajustant les rares oiseaux qui passaient à portée de carabine; l'arrière-pont en était encombré : les Allemands et les Anglais sont positifs et ne brûlent pas leur poudre en vain.

Notre vapeur côtoie pendant quelques instants la rive libyaque ; les mimosas effleurent la tête du pont ; nous pouvons en saisir les fleurs, qui semblent se pencher pour se faire cueillir ; les dattiers étalent leur grappe appétissante. les gommiers mirent leur fine dentelure dans les eaux tremblantes du Nil, où dorment les crocodiles. Sur la rive opposée, des palmiers géants forment avec les gommiers une forêt, ce qui est une rareté en Égypte.

Rien ne distrait plus notre admiration ; les plus indifférents sont sous le charme de ces incomparables journées. Le soleil descend brusquement des hauteurs éthérées sans nous déployer ses magnificences ordinaires ; il donne furtivement un baiser d'adieu à la terre, qui rougit un instant ; les montagnes se couvrent d'un voile bleu en signe de deuil ; une nuit lumineuse commence ; les étoiles, heureuses de briller à leur tour, envahissent le ciel en nombre infini, et dansent comme des sylphes sur les vagues brunes du Nil.

Il est huit heures du soir, nous sommes tous réunis au salon. Les Anglais et les Américains jouent ; les dames écrivent et dessinent, le vieux philosophe parisien nous tient sous le charme de ses anecdotes de chancellerie ; il répond à chacun dans sa langue, et nous étonne par la variété de ses connaissances. Nous savons qu'il habite Paris, mais là s'arrêtent nos renseignements sur ce personnage mystérieux ; nul ne connaît son nom, pas même le comte de C., qu'il a tant intrigué ; c'est d'ailleurs de sa bouche que je recueillis une foule de détails instructifs sur l'Orient et sur l'Égypte en particulier.

XIV

Mais l'or cesse de rouler sur le tapis vert, les causeries s'arrêtent, tout le monde écoute les suaves et savantes variations qu'un virtuose nous faisait entendre; on aurait dit que l'artiste avait les fibres du cœur pour cordes à son violon. Chacun applaudit lorsque le comte parut, car c'était lui; pâle, abattu, il laissait un sourire errer sur ses lèvres; il vint à moi, et, appuyé sur mon épaule, d'un accent triste, il me dit : « Vous trouvez que j'ai bien joué, ce soir; hélas !.. c'est un adieu à ceux que j'aime, et que j'ai laissés... les reverrai-je jamais ? »

Quel cœur de grand artiste et quelle intelligence! De longs voyages avaient usé cette santé, et la mort avait marqué ce front. Je parvins à dissiper ce sombre pressentiment, et, repoussant avec énergie la main de la mort qui voulait le saisir, il dit : « Je veux du moins vivre assez pour embrasser ma femme et ma fille. » Et puis il se remit à sourire et nous parla encore de ses voyages.

A l'instant où je revois ce manuscrit, les journaux parlent du cruel roi du Dahomey; cela me rappelle un détail que nous donnait alors le comte de C. sur les faits et gestes de cet odieux personnage : « Chaque année, nous dit mon ami, ce sauvage monarque fait égorger huit cents personnes pour célébrer sa fête ou quelque grand évènement militaire. Le sang des victimes est recueilli dans le bassin royal construit en beau marbre; le roi monte dans la barque sacrée et manœuvre lui-même les avirons, aux applaudissements de son peuple. » Chaque jour c'était une anecdote nouvelle.

Malgré les longues veillées, je me trouvais toujours sur le pont pour assister au lever du soleil et jouir de sa splendeur; la première personne qui venait me rejoindre était le Belge, mon ami, avec qui je causais invariablement de l'histoire d'Égypte et des récentes découvertes des savants; nous admirions en même temps les beautés du paysage et les capricieux détours du Nil, qui surprend à chaque instant le voyageur. Un peu avant Dendérah, il fait un brusque détour, s'enfonce dans les terres, comme s'il voulait nous éloigner des merveilles que nous allons visiter.

Nous côtoyons une infinité de villages maritimes, qui ont remplacé de puissantes cités, dont on retrouve à peine quelques vestiges. Les deux beaux villages de Bellianéh et de Samata se font surtout remarquer; nous renonçons à y descendre, ainsi qu'à nous avancer dans l'intérieur jusqu'à Farchout, qui ne nous offre pas assez d'importance pour ravir des jours destinés à des excursions plus dignes. Nous trouverons ici et là telle localité qui occupe la place d'une ville célèbre, comme Hâon, par exemple, bâtie sur l'emplacement de Diospolis, Parvadès des anciens, et dont quelques restes subsistent encore.

Mais notre but n'est point de fouiller partout, nous ne nous attachons qu'aux grandes ruines, aux importants souvenirs de l'histoire et de l'art, qui puissent nous laisser de durables impressions. Ce que nous cherchons c'est donc le grandiose, c'est ce qui révèle la vie publique et privée, la civilisation entière de l'Égypte, mais cela sans cette aridité souvent rebutante de la science hiéroglyphique. Ce que nous voulons, c'est de photographier l'Égypte à la plume, et les détails réels, sûrs et mesurés que nous donnons d'après les maîtres dans l'histoire, suffiront aux hommes du monde désireux de se récréer sans fatigue.

Un peu avant Kénéh, nous longeons l'île de Tabenne, langue de terre couverte autrefois d'une luxuriante végétation, véritable jardin ombragé de hauts palmiers, et dévastée aujourd'hui, nous dit Isambert, par une grande inondation du Nil.

Saint Pacôme trouva cette île si belle que sa première pensée fut d'y élever un temple à Dieu avec un couvent pour le desservir. Bâti en 356, ce monastère n'a pas de rival en Égypte pour la beauté et la richesse des constructions et l'enchantement du site.

De la pointe sud de l'île nous apercevons le splendide temple de Dendérah, où nous allons bientôt arriver. Tous les touristes sont pressés de voir une des merveilles de l'architecture égyptienne. Nous abordons enfin, remplis de la plus vive impatience. Le bateau est à peine arrêté qu'une partie des touristes se dirigent vers Kénéh, ville commerçante de cinq mille habitants, résidence d'un pacha. On y fabrique, entre autres choses, une grande quantité de gargoulettes, qui se retrouvent dans toutes les maisons.

Un riche terroir y produit de tout en abondance, et il s'y fait un grand trafic de dattes. Chose singulière, plus la nature est belle, plus elle est prodigue pour l'homme, et plus celui-ci s'abaisse : à Kénéh les mœurs sont d'un relâchement inouï, le vice s'y étale sans aucune pudeur, il est l'état normal de la population, et les danseuses de cette localité sont tristement fameuses dans toute l'Égypte ; ce sont toujours les almées que les consuls offrent aux étrangers.

XV

Des barques nous conduisent à l'autre rive, des baudets nous y attendent; on se précipite pour avoir la meilleure monture; enfin après un temps assez long, tout le monde est en selle; rien ne va, mais les dames sont bien installées, et c'est l'essentiel.

Nous partons à fond de train, la jeunesse prend les devants avec sa fougue ordinaire; la vieille garde suit, calme et tranquille; nous avons à traverser un large bras du Nil, où naturellement quelques baudets profitent de la circonstance pour faire leurs escapades; il y a des culbutes, des bains froids, et pour se sécher, les cavaliers et les dames fournissent une course folle, une vraie charge où chacun cherche à arriver le premier.

Une intrépide Anglaise, qui avait toujours tenu la tête de la cavalcade, roula dans un fossé ; sept cavaliers qui suivaient de près la belle et impétueuse amazone, mordirent la poussière ; de mon autorité privée, je m'étais improvisé médecin, aspirant à devenir célèbre ; ma petite pharmacie à la main, je donne des soins empressés à la jeune dame ; mais ce n'était pas chose facile de la tirer de dessous les ânes et les cavaliers ; enfin au bout de quelques minutes j'avais fait avaler quelques gouttes d'arnica, sans procéder toutefois à aucune friction sur les parties blessées, mon brevet médical n'étant pas assez en règle et mon stage à Montpellier n'ayant été que de quelques jours.

Nous repartons avec une frénésie nouvelle ; on piquait des deux, les ânes s'affolaient, et, cette fois, la société tout entière fut entraînée. Naturellement je galopais aussi ; mon coursier était affreux, sans étriers et sans autre selle qu'une mauvaise couverture ; je vis pourtant bientôt qu'il était aussi bon coureur qu'il était laid ; mis en haleine peu à peu, il part enfin comme un trait et bientôt il se trouve au premier rang ; ce que voyant, un jeune gentleman me prie de l'échanger avec le sien ; pour ne pas le désespérer, je lui cédai Zéphyr, qui se distingua entre tous ; nous arrivons à Dendérah, sans mort, mais avec plus d'un muscle tiraillé et plus d'un membre meurtri.

Ce fut le 13 janvier 1874 que nous eûmes la joie de contempler pour la première fois un temple de l'ancienne Égypte; chacun, armé de son *Guide*, courait çà et là ; quelques-uns de mes compagnons de voyage eurent en quelques minutes plus déchiffré d'hiéroglyphes que Champollion et Mariette-Bey durant toutes leurs laborieuses recherches. J'étais silencieux; j'aurais voulu être seul avec mon aimable et grave compagnon, afin de mieux recueillir mes impressions : cependant le bruit se dissipa, le silence et le mystère furent rendus à la voûte sacrée; les chauves-souris, seules descendantes des prêtresses de la déesse Hator, reprirent possession de leur sanctuaire. Pour ce qui concerne la description de ce temple de Dendérah, je ne saurais mieux faire que de laisser la parole aux savants égyptologues que j'aime à citer quelquefois.

Nous lisons dans un ouvrage de M. Mariette : « Dendérah était un des temples les mieux conservés et les plus importants de l'Égypte. Il s'élève, comme tous les temples égyptiens, au centre d'une vaste enceinte.

« Celle-ci est construite en briques crues. Elle est si haute et si épaisse que quand les deux portes qui y donnent accès étaient fermées, on ne devait rien voir et rien entendre de ce qui s'y passait.

« L'histoire du temple de Dendérah peut se résumer en deux lignes. Commencé sous Ptolémée XI, il était fini comme construction sous Tibère, et sous Néron comme décoration. Jésus-Christ vivait à Jérusalem pendant qu'on achevait de le bâtir.

« Il n'est personne qui ne soit frappé de la profusion de textes, de tableaux, de bas-reliefs dont il est couvert. On en a mis jusque sur les plafonds, sur les portes, sur les fenêtres, sur les soubassements, sur les parois des couloirs. Une remarque à faire, c'est que la composition des centaines de tableaux qui décorent l'édifice est identique. Le roi fondateur se présente à une des divinités du temple; il sollicite d'elle une faveur qui lui est toujours accordée: tel est l'inévitable sujet.

« Quand on se trouve en présence du temple de Dendérah on se demande naturellement quelle est la destination de cet immense ensemble. Nous allons essayer de répondre à cette question.

« Selon leur destination, les chambres du temple de Dendérah peuvent être partagées en quatre groupes qui sont les suivants :

« Le premier groupe ne comprend qu'une seule salle. Cette salle unique n'est qu'une sorte de façade monumentale. Ouverte à la grande lumière et à tous les bruits de l'extérieur, elle est sans rapport direct avec le temple proprement dit. Deux petites portes sont ménagées sur les côtés. Elles servent au passage des prêtres et à l'entrée des offrandes, qui jouaient un grand rôle dans le service intérieur du temple.

« Quant à la grande porte, le roi seul a le droit de la franchir. Le roi s'y présente, vêtu de la longue robe, les sandales aux pieds, le bâton de la marche en main. Avant de pénétrer dans le temple, il faut que les dieux l'aient reconnu comme roi de la Haute et de la Basse-Égypte ; et c'est aux cérémonies de cette consécration que les premiers tableaux à droite et à gauche de la porte d'entrée sont destinés. On voit le roi sortant de son palais et se présentant à la porte du temple.

« A droite, c'est-à-dire du côté du nord, il est reconnu comme roi de la Basse-Égypte ; à gauche, c'est-à-dire du côté du sud, il est nommé roi de la Haute-Égypte. A son arrivée Thoh et Horus lui versent sur la tête les emblèmes de la purification. Les déesses Ouat'i et Suran le coiffent de la double couronne. Après quoi Mout de Thèbes et Toum d'Héliopolis prennent le roi par la main et le conduisent en présence de la déesse.

« La première salle n'est donc qu'une entrée, un lieu de passage. Le roi s'y prépare aux cérémonies que nous allons lui voir célébrer dans l'intérieur de l'édifice.

« Le deuxième groupe se compose de dix chambres qu'on peut désigner par des lettres. Cette fois nous sommes vraiment dans le temple. Tout y est fermé, tout y est sombre, tout y est silencieux. C'est dans les dix chambres du deuxième groupe que les prêtres s'assemblent et qu'on fait les préparatifs des fêtes.

« Une sorte de calendrier, gravé sur les murs de la salle B nous apprend de quelle nature étaient ces fêtes. Elles consistaient surtout en processions qui circulaient dans le temple, montaient sur les terrasses et redescendaient pour parcourir selon les rites prévus les diverses parties de l'enceinte extérieure. Or c'est dans la salle B qu'avait lieu le départ de ces processions.

« Quant aux autres salles, elles servaient à la préparation des offrandes destinées à figurer dans les fêtes, et à la conservation ou au dépôt des emblèmes qu'on portait en cérémonie pendant les processions, ce que nous allons voir.

« Les salles C et D étaient des annexes de la salle B ; on y trouvait des autels devant lesquels on récitait, en passant, certaines prières.

« La salle E était le lieu de dépôt des quatre barques qui jouaient un des rôles principaux dans les processions. Au repos, ces barques étaient posées sur des coffres ; quand il fallait les sortir du temple on les ajustait sur des barres de bois qui servaient à les transporter. Au centre de chacune d'elles était un édicule toujours fermé où l'on plaçait l'emblème mystérieux de la divinité à laquelle la barque était consacrée. Par surcroît de précaution une épais voile blanc était jeté sur cet édicule qui échappait ainsi à tous les regards. (Cf. dans la Bible la description de l'arche.)

« La chambre F est un laboratoire. C'est là qu'on prépare les huiles et les essences avec lesquelles on doit parfumer le temple et les statues des dieux. La chambre G est le lieu où l'on réunit et où l'on consacre les produits de la terre qui vont figurer dans les cérémonies.

« Les chambres H et I sont des passages, l'un pour les offrandes qui arrivent de la Basse-Égypte, l'autre pour les offrandes qui arrivent de la Haute-Égypte. On y consacre en même temps certaines offrandes en pain et en libations.

« La chambre J est le trésor du temple. Aussi chacun des tableaux de l'intérieur de cette chambre nous montre-t-il le roi consacrant et offrant à la divinité des sistres, des pectoraux, des miroirs, des ustensiles de toutes sortes travaillés en or, en argent, en lapis.

« La chambre K est le lieu de dépôt des vêtements dont on habille les statues des dieux. Des coffrets soigneusement fermés contenaient ces vêtements. Toutes les provinces de l'Égypte étaient censées concourir à l'entretien des objets conservés dans la chambre K.

« Le troisième groupe comprend la chapelle L, la cour M, les salles N, O, P, Q, les deux escaliers du nord et du sud, et enfin un petit temple à douze colonnes situé sur les terrasses et que nous ne pouvons introduire dans notre description.

« Dans la chambre Z se trouvait une niche où le roi seul pouvait entrer; là on cachait à tous les yeux l'emblème mystérieux du temple, qui était un grand sistre d'or.

« Tel est le temple proprement dit. Le temple n'est donc pas, comme nos églises, un lieu où les fidèles se rassemblent pour dire la prière. Rien ne peut laisser supposer qu'en dehors du roi et des prêtres, une partie quelconque du public y ait jamais été admise. Mais le temple est un lieu de dépôt, de préparation, de consécration. On y célèbre quelques fêtes à l'intérieur, on s'y assemble pour les processions, on y emmagasine les objets du culte, et si tout y est sombre, si, dans ces lieux où rien n'indique qu'on ait jamais fait usage de flambeaux ou d'aucun mode d'illumination, des ténèbres à peu près complètes règnent, ce n'est que pour augmenter par l'obscurité le mystère des cérémonies.

« Dans le temple proprement dit, on logeait les dieux, on les habillait, on les préparait pour la fête; le temple était une sorte de sacristie où personne n'entrait que le roi et les prêtres.

« Dans l'enceinte, au contraire, on développait les longues processions, et si le public n'y était pas encore admis, au moins pensons-nous que quelques initiés pouvaient y prendre place.

« Comme renseignement, nous ajouterons que l'état actuel des lieux, les maisons coptes et arabes qui ont envahi tout le pourtour du temple et de l'enceinte elle-même, ne permettent plus de se rendre bien compte de ce que le temple était, quand il s'élevait isolé et majestueux au milieu d'un vaste parvis que de hautes et sombres murailles de briques bornaient aux quatre coins de l'horizon. »

XVI

Les invasions et les révolutions subies par l'Égypte, le vandalisme naturel des musulmans, n'auraient rien laissé venir à nous de ces temples fameux, si l'incurie même des Arabes ne les avait sauvés. La plupart de ces temples n'ont été conservés et préservés d'une destruction complète que par les masures en briques que les fellahs contruisirent à l'intérieur et surtout à l'extérieur.

Or l'Arabe ne répare jamais; quand une maison s'écroule, après quelques nivellements il en bâtit une nouvelle. Ainsi dans le cours des siècles, ces grands monuments disparurent sous des villages, et c'est ce qui les sauva lors de l'invasion musulmane.

L'expédition d'Égypte a ouvert la voie glorieuse qui permit à Champollion de chercher et de découvrir la clef des hiéroglyphes, et aujourd'hui M. Mariette complète l'œuvre de tous les savants du monde qui ont voulu pénétrer dans les annales de l'Égypte par la science hiéroglyphique et toutes celles qui s'y rattachent.

Au-dessous de chaque temple on avait creusé dans les entrailles de la terre des galeries mystérieuses, des cryptes profondes, des labyrinthes ténébreux qui aboutissaient à une chambre secrète, où l'on tenait cachés les trésors inestimables du sanctuaire.

Nous nous sentions tourmentés du désir de faire une exploration souterraine; mais le drogman chef s'opposa à cette visite, alléguant le danger que nous pourrions courir et les accidents arrivés déjà.

Malgré ces pronostics, un complot fut formé par six d'entre nous. Nous laissâmes éloigner un peu le drogman, et un Arabe que nous avions engagé par un bon bagchich, nous servit de guide : nous rampons par un étroit passage, et nous parvenons, tous les six conjurés, dans une assez vaste chambre; nous rampons encore, nous pénétrons dans une étroite enceinte, et, après un instant de recherches, nous trouvons une entrée dissimulée qui donnait sur un couloir droit, au bout duquel était un escalier.

Nous descendons et avançons non sans trouver de fréquentes interruptions de marches, qui exigent de nous une vraie gymnastique ; cet exercice d'abord fatigant, devient périlleux. Au bout de dix minutes, nouveau couloir. Tout à coup une insupportable odeur nous prend à la gorge, nous serre et nous suffoque. L'Arabe, saisi d'une grande terreur, ne veut plus garder la tête du cortège. Comme le promoteur du complot, je pris résolument sa place. Nous visitâmes tous avec soin nos boîtes d'allumettes ainsi que nos lanternes sourdes, et l'Arabe fut chargé de porter la seule torche que nous laissâmes éclairée.

Nous reprenons notre course ; prêts à tout, nous descendons d'innombrables escaliers, des couloirs inclinés, souvent humides. Une chaleur accablante faisait ruisseler de nos fronts de larges gouttes de sueur ; enfin nous atteignîmes un interminable couloir, à l'extrémité duquel un peuple de grandes chauves-souris nous assaillit en répandant une odeur infecte ; nos visages étaient sans cesse effleurés par les ailes dégoûtantes de ces hirondelles d'enfer.

Pour éviter leur contact hideux, nous nous couchâmes, et au même instant, mon ami belge fit une décharge des six coups de son revolver. Les détonations furent épouvantables ; on aurait dit d'abord une formidable explosion, puis ce fut comme un long roulement de tonnerre, qui se répéta en s'affaiblissant, pendant un temps assez long, et finit, semblable à des gémissements ou au murmure des voix humaines d'un puissant jeu d'orgue. Nous étions profondément impressionnés, mais personne ne le laissa voir ; malgré la chaleur, nous avions caché nos visages pour éviter le tourbillon infect des chauves-souris, qui remontèrent chercher le calme sous les voûtes sombres du souterrain.

Après un instant de repos, nous ouvrîmes nos lanternes et pûmes allumer les torches éteintes par le déplacement d'air que les détonations du revolver avaient occasionné. Demandant à nos gourdes un nouveau courage, nous reprîmes notre marche. A vingt pas le couloir faisait un coude vers un escalier raide, dont toutes les marches avaient été brisées au marteau. Nous arc-boutant des bras et des jambes, nous parvînmes à opérer cette pénible descente. Enfin, exténués, nous trouvons quelques bonnes marches, puis encore un couloir en pente assez raide et humide. Tout à coup le dernier de nos compagnons se laissa choir et nous entraîna tous comme un château de cartes. Nous glissons pêle-mêle sur une longueur de quelques mètres ; les lanternes sont éteintes et brisées, les torches écrasées. Au bout d'un instant, une vive lumière apparaît : c'était mon ami belge qui avait pu, malgré ses contusions, allumer son magnésium Nous étions dans une chambre carrée, garnie de peintures ; c'était le lieu secret où l'on enfermait les statues d'or et d'argent et toutes les choses précieuses du culte, qui ne sortaient du souterrain qu'aux grands jours de fête.

Le sol de cette chambre, les soubassements avaient été autrefois fouillés au ciseau, sans doute par des chercheurs de trésors. Notre Arabe, entraîné dans la même chute que nous, était muet de terreur ; le sang lui coulait du front, où un éclat de pierre lui avait fait une blessure. Son visage bouleversé, son air piteux étaient si comiques, que malgré nos contusions, malgré l'étrangeté et le sérieux de la situation, nous ne pûmes réprimer un éclat de rire unanime.

L'énergie était revenue, du moins suffisante pour nous tirer de là.

Nous explorons tous les recoins de la chambre. Au bout

de peu d'instants un air plus frais nous arrivait au travers des décombres qu'on n'avait peut-être pas remués depuis des siècles. Tous alors de se mettre à la besogne; en quelques minutes, nous eûmes déblayé un orifice; un journal enflammé nous fit découvrir une autre salle au bout de laquelle un escalier rapide et étroit, mais que cette fois il fallait monter. On s'y engage; on se hâte; quant au malheureux Arabe, on était obligé de le traîner; une gorgée de cognac, auquel je mêlai quelques gouttes d'arnica, lui rendit quelque énergie.

Nous atteignîmes enfin le haut de cet interminable escalier. Là les peintures n'étaient indiquées qu'au simple trait. Nous trouvons encore un couloir avec une pente légère; aussitôt nos visages furent entièrement rafraîchis par l'air extérieur; pour saluer l'approche de notre délivrance, nous fîmes une seconde décharge de révolver, dont le bruit se perdit comme par un entonnoir.

Mais nous n'étions pas encore au grand jour. Continuant mon rôle de guide, je m'engageai dans un passage suintant l'humidité; l'air devenait pur; je descendis avec précaution, appuyant mes deux mains aux parois. Tout à coup les marches manquent et tout à coup on les retrouve : volontiers, si je l'eusse osé, j'aurais cédé ma place d'éclaireur.

A un moment donné, plus aucune marche.. J'avance avec précaution le pied droit... O épouvante! .. c'est de l'eau que je touche; une sorte de miroir éblouit mes yeux; j'entends un bruit confus de voix : j'avais failli me précipiter dans le puits sacré du temple! J'y aurais trouvé une mort certaine : une sueur froide perla sur mes tempes et jamais l'image de ceux que j'aime me revint avec plus d'angoisses.

Nous touchions à la porte du temple. Un grand bruit frappa nos oreilles : on venait à notre recherche, on avait entendu notre appel par l'orifice du puits sacré ; un jeune Allemand et moi nous fîmes la courte échelle à mes compagnons; on nous tendit ensuite une petite corde, et nous sortîmes de cet enfer dans un état de malpropreté indescriptible.

A peine l'Arabe fut-il dans le temple, qu'il se livra à des sauts de joie; il parlait et gesticulait comme un insensé. Le philosophe parisien nous salua en nous sermonnant un peu, et le comte de C. nous demanda comment se portaient les princesses égyptiennes de l'autre monde, et si leur réception avait été cordiale. Pour notre compte, nous fûmes sobres de détails sur cette aventure, qui aurait pu tourner au tragique.

XVII

Nous employâmes les moments qui nous restaient à prendre les mesures du temple. Sa longueur totale est de 81 mètres, et sa largeur 34 mètres; celle du portique, qui déborde le corps du temple, est de 43 mètres sur 18 d'élévation intérieure. Le temple était précédé de son *dromos* d'une longueur de plus de cent pas ; en avant s'élevait un pylône remarquable. Tel se présentait ce magnifique monument à l'admiration des visiteurs.

Aujourd'hui les érudits peuvent admirer l'œuvre de Mariette, notre savant compatriote, et les largesses du khédive, qui s'acquiert un titre à une gloire ineffaçable ; désormais personne ne peut mutiler ces précieuses antiquités, leur conservation est assurée. On connaît l'histoire que raconte le célèbre Ampère à propos d'un savant qui, après avoir déchiffré des hiéroglyphes, les fit marteler, afin que personne ne pût les lire après lui : voilà un vandalisme absurde ! mais il ne se reproduira plus.

Nous avons exploré le temple dans tous ses détails et gravi les pylônes ; de leur sommet on embrasse un vaste horizon. Je me reposais avec délices de ma course souterraine ; j'étais seul, je pus jouir sans partage du tableau qui se déroulait devant mes yeux. Ce temple superbe est dans une ravissante position au centre d'un grand cirque de montagnes ; ici, à quelques pas, s'étend le désert mystérieux ; là-bas le Nil, dont les eaux bienfaisantes couvrent la plaine d'ombres et d'émeraudes.

Les chameaux, dociles à la voix de leurs conducteurs, quittent ces plaines enchantées, passent d'un pas tranquille et majestueux devant le temple, et s'enfoncent, avec leurs lourds fardeaux, dans les profondeurs du désert. Ceux que j'aperçois sont chargés de roseaux; presque tous disparaissent sous leur charge ; on croirait voir remuer avec peine un animal fantastique, oublié par Buffon dans la nomenclature des êtres vivants.

Sur un petit monticule brûlé par le soleil s'élèvent quelques tombes isolées ; personne ne vient y prier, et chaque jour le chacal, pressé par la faim, s'efforce d'en déterrer quelque cadavre. Les premiers jours après l'ensevelissement du mort, les pauvres fellahs viennent apporter quelques légumes, un gâteau de riz, et la veuve, courbée vers l'orifice qui va jusqu'au mort, lui parle, lui raconte sa douleur, et, dans un langage imagé, invoque le souvenir des premières heures, des premiers jours de leur union. Le passé est ainsi mentionné, des regrets naturels sont exprimés, mais pas un mot d'espérance ; l'éternité est inconnue à ces peuples ; ce sont des esclaves ; ils ne se doutent pas qu'ils aient une âme, et qu'un signe tracé sur leur front, celui de la croix de Jésus-Christ, les rendrait à la liberté et à l'immortalité.

La femme turque ne sachant rien de Dieu, jette un cri de douleur comme le ferait toute créature, douleur instinctive et physique : le cœur y est-il pour quelque chose ? a-t-elle jamais connu les choses du cœur ? Non ; la société du mariage, le sentiment de la famille n'a rien de plus pour elle que pour un animal quelconque. Elle sait seulement — sa religion du moins l'en a persuadée — que dans le paradis de Mahomet, l'époux mort trouvera des femmes plus belles; elle n'a donc pas de motif de plaindre cet époux : elle ne peut pleurer que sur elle-même. Aussi la veuve, à peine revenue chez elle, n'a plus d'autre préoccupation que d'entrer dans la maison d'un nouveau maître.

Je détournai les yeux de ce monticule mortuaire, j'avais besoin de plus riants tableaux et de méditations moins sombres. La chaleur était intense, mais l'air pur et diaphane faisait resplendir le paysage : les montagnes paraissent aux yeux d'énormes pierres précieuses; elles semblent se rapprocher de moi : effet magique de la puissance des rayons lumineux; mirages toujours nouveaux en ces climats et toujours admirables.

Toute la plaine était inondée sous les feux du soleil; le Nil se déroulait majestueux et superbe; les palmiers et les autres arbres se penchaient comme pour le voir passer. Autour de moi le site reprend quelque vie; les Arabes arrivent en foule; des touristes escaladent les ruines; d'autres, habitués à ne faire que promener leur désœuvrement à travers le monde, regardent toute chose avec indifférence.

Troublé et dans mes pensées et dans mon admiration, je descends vers le temple pour lui rendre une dernière visite. Sur les terrasses un bourdonnement continu frappait mes oreilles; c'étaient des millions d'abeilles sauvages qui avaient fait leur demeure dans la pierre perforée par le temps; elles volaient autour de moi, on aurait dit les âmes de la foule des Égyptiens en quête d'une prière pour apaiser Dieu de ce qu'ils avaient élevé un si beau temple à une fausse divinité !...

CHAPITRE IV

THÈBES ET LES HYPOGÉES

I

Notre retour de Dendérah fut plus paisible; les accidents tragi-comiques avaient calmé la jeunesse, et l'on était tout entier au temple qu'on venait de visiter. Nous avions regagné notre vapeur, mais il nous manquait un Anglais, le même qui, sur le pont du Caire, avait renversé la pacotille des deux marchands; le sifflet retentit pour l'appeler ; les jeunes gens, pressés d'arriver à Louksor, font une décharge de révolvers; le retardataire paraît enfin, son chronomètre à la main; il a encore une minute, on la lui doit, il a payé sa place et attend sur la rive que l'heure ait sonné. Il est facile de se représenter la colère du drogman et la joie des jeunes passagers, qui demandent à lever l'ancre pour embarrasser l'Anglais; ils pressent, font un tapage infernal en imitant le cri de tous les animaux. Notre insulaire original ne se laisse point émouvoir, il est habitué à ennuyer tout le monde et à chercher querelle à ses voisins ; que de fois il se serait attiré des désagréments s'il n'avait eu une charmante femme, dont la présence détournait toujours l'orage !

Nous levons l'ancre et nous sommes tout à la joie des merveilles que nous allons voir ; presque tous les passagers sont sur le pont, chacun consulte avec ferveur son *Guide*. Nous marchons à pleine vapeur pour arriver le soir à Louksor, au coucher du soleil.

Le Nil suit pendant longtemps une ligne droite; il change enfin de perspective, et bientôt on ferme les *Guides* pour s'abandonner à toute la féerie du parcours : nous naviguons sur un fleuve d'or qui coule au milieu de plaines d'émeraudes; mais notre impatience d'arriver à la ville chantée par Homère s'accroît à chaque instant ; il semble que nous n'avançons pas ; les touristes en veulent presque à la beauté du tableau qui nous captive comme malgré nous ; on voudrait garder toute son admiration pour les ruines thébaines, on voudrait ménager ses yeux afin de mieux voir.

Le Nil, se jouant de notre impatience, revient à ses capricieux circuits ; c'est le maître de l'Égypte, c'est son dieu ; d'une caresse de ses ondes il peut changer le désert en paradis terrestre, ou par un autre emportement, transformer la terre fertile en affreux désert ; aussi ce superbe despote veut être admiré ; c'est un culte qu'il réclame : nous le lui prodiguons en nous laissant mollement bercer sur ses vagues. La chaleur nous communique une douce somnolence, nous rêvons un instant ; puis les yeux se rouvrent pour jouir des sites nouveaux qui s'offrent à nous plus pittoresque encore.

Le soleil se prépare à la fête du soir ; ses rayons, comme autant de pinceaux, dessinent des guirlandes dorées sur les sommets des chaînes libyques ; dans le ciel des banderoles rose tendre et frangées de pourpre flottent au milieu de l'azur et forment parfois de fantastiques draperies. Le fleuve se pare de sa robe prismatique, où se reflète notre vapeur que l'astre couchant a transfiguré d'un coup de son art ; les arbres de toute espèce se mirent dans l'eau pour prendre les teintes métalliques ; les oiseaux mêmes ont changé de plumage, et le héron, qui se balance suivant les molles ondulations du flot, voit sur sa robe toutes les couleurs de l'arc-en-ciel.

Je me serais cru le jouet de mon imagination, si mes compagnons de voyage n'avaient été sous le même charme que moi. La terre serait un Éden sans la méchanceté d'un certain nombre d'hommes. Chaque jour Dieu nous donne des marques de sa munificence, de sa grandeur ; les merveilles prodiguées par sa main créatrice éclatent à nos yeux, et sans cesse nous demandons des miracles pour croire en Lui !

Montez, libres penseurs, sur la plus petite colline de la terre la plus déshéritée, considérez les splendeurs qui s'y déploient. Dieu vous a préparé une demeure ; au lieu de la ravager, embellissez-la; Dieu vous a fourni pour cela les matériaux les plus magnifiques; il vous y convie même par son exemple et sa bonté; jouissez de ses dons, imitez-le, soyez bons et laborieux, vous serez créateurs à votre tour et vous ferez de votre séjour un paradis terrestre.

La fraîcheur montait des rives; le Nil roulait des ondes brunissantes; la brise s'était levée, et le ciel était d'un azur éclatant; seule la chaîne libyque resplendissait encore de lueurs phosphorescentes : telles des scories arrachées d'une fournaise jettent encore un éclat et s'éteignent en miroitant.

L'air avait repris sa douceur; les étoiles brillaient seules dans le ciel oriental; ma poitrine se dilatait comme pour laisser échapper l'âme impatiente de voyager dans les sphères éthérées. Le cœur me battait : que se passait-il en moi? Le cœur est la pile électrique d'où partent toutes les tendresses; il porte instantanément au bout du monde nos pensées les plus intimes; il a des ailes pour transporter notre esprit dans l'avenir ou fouiller dans le passé.

Aujourd'hui je me rappelle mes vingt ans; tout alors était joie et bonheur; la vie s'ouvrait belle et séduisante : j'avais une ancre de salut, le travail; et pourtant j'ai pleuré, j'ai souffert, j'ai quitté la terre natale pour cette fourmilière qu'on nomme Paris.

Souvent j'allais m'asseoir au foyer d'un grand artiste religieux dont la France s'honore ; une jeune femme parée de toutes les beautés faisait l'orgueil et la joie de la maison.

Hélas ! elle ne vit plus... que dans l'esprit de ses enfants, dans le cœur du grand artiste et de ceux qui l'avaient connue. L'amour, la vertu et le travail régnaient dans ce foyer qui m'apprit en quoi consiste le bonheur : le chemin était tout tracé, je le suivis. Je suis loin de ces années, mais je ne cesse de les bénir.

II

Le bateau s'arrête, les marins jettent l'ancre et amarrent les câbles ; il est huit heures du soir, nous sommes à Louksor et dans quelques heures nous admirerons des ruines célèbres entre toutes.

Je dormis peu ; je passai la nuit à revoir mes Guides et les notes historiques que j'avais préparées avant le voyage. A cinq heures du matin je mis pied à terre en me découvrant pour saluer tant de siècles de gloire.

Le lieu si connu de Louksor n'a rien de remarquable ; il ne diffère pas de mille autres villages où les Arabes ont réuni quelques masures carrées ; Louksor est dominé par les ruines du vieux temple à moitié enfoui sous les anciens débris et les alluvions du Nil. Cet immense et magnifique édifice avait été, comme presque tous les temples de l'Égypte, embelli et agrandi par plusieurs souverains. Deux rois surtout, Aménophis III, de la XVIIIe dynastie et Ramsès, ou le grand Sésostris des Grecs, de la XIXe, y avaient consacré de grandes richesses ; tous ceux de leurs successeurs qui habitèrent Thèbes se firent un point d'honneur d'embellir ce sanctuaire fameux.

Deux magnifiques obélisques, dont le plus grand orne aujourd'hui la place de la Concorde à Paris, décoraient l'entrée de ce temple, et deux pylônes en formaient la porte monumentale ; là passaient les rois lorsqu'ils venaient remercier les dieux de leurs victoires. On ne voit plus qu'un des *dromos* qui précédaient l'entrée ; la tête d'une des statues colossales décorant cette entrée semble soulever les décombres pour apostropher les curieux qui viennent troubler leur sommeil de tant de siècles.

En pénétrant dans l'intérieur, on trouve une vaste cour entourée d'un double rang de colonnes qui soutenaient des terrasses dominant un magnifique paysage ; malheureusement cette cour est encombrée de sordides masures et d'une affreuse mosquée. Que ce temple serait beau à voir s'il était dégagé comme Edfou! On trouve plusieurs autres cours entourées de belles colonnes, œuvres des nombreux souverains qui se plaisaient à enrichir ce sanctuaire.

Ce qui rend l'étude de ce temple particulièrement intéressante, c'est qu'il est contemporain des plus grandes gloires de l'Égypte : là venaient les rois captifs déposer tout d'abord aux pieds du pharaon leur couronne ou leur sceptre brisé ; là on recevait les ambassadeurs des plus grands princes, qui, comme gage de paix et d'amitié, envoyaient souvent et donnaient leurs filles en mariage au pharaon.

Louksor est à peu de distance du Nil auquel il était autrefois rejoint par un quai qui passait pour un des plus beaux travaux de l'Égypte. Ce qui en reste ne donne aucune idée de la beauté et de la grandeur de cette œuvre qui s'étendait très loin sur les rives et formait de vastes embarcadères; ceux-ci aboutissaient presque toujours aux avenues triomphales des grands palais de la cité; l'un des plus remarquables conduisait à la grande avenue du sphinx où les Pharaons arrivaient aux jours de fêtes publiques.

Thèbes était divisée en deux parties égales en splendeur, la ville des vivants et la ville des morts; sa superficie ne fut jamais bien déterminée. Diodore croit savoir qu'elle avait 140 stades ou 26 kilomètres. Cette cité fut fondée après Memphis, et sa merveilleuse position séduisit les rois de la XIe dynastie qui résolurent d'en faire leur capitale; vers 2800 avant Jésus-Christ, la ville nouvelle, favorisée par son emplacement, prit un rapide développement et devint si florissante que les Pharaons de la XVIIIe dynastie y transportèrent définitivement leur trône.

Tous les historiens anciens nous disent que cette capitale garda sa suprématie pendant de longs siècles; mais l'Égypte comptait bien d'autres villes puissantes et souvent la métropole était changée par convenance politique ou par orgueil : il semble que chaque pharaon voulait habiter une cité qui lui dût toutes ses splendeurs.

Thèbes subit souvent de grands revers, mais elle reprenait vite sa supériorité; elle ne fut frappée d'un coup irréparable que par Cambyse.

Ce fut en l'année 527 avant Jésus-Christ (Isambert) que la plus belle ville du monde fut presque anéantie; elle se releva, mais sans reprendre son ancienne splendeur; la puissance des Pharaons était déchue et un des Ptolémées qui leur succéda sur le trône la ravagea de nouveau, parce qu'elle lui avait longtemps résisté et qu'elle n'avait pas voulu le reconnaître comme roi d'Égypte.

Thèbes ne vivait plus que par sa brillante histoire et par ses ruines colossales que de grands tremblements de terre secouèrent plus tard. Les énormes constructions que nous voyons aujourd'hui ne peuvent nous donner une idée de la grandeur de cette cité.

Elle eut la préférence de Diodore de Sicile qui en a donné beaucoup de détails, mais pas encore assez pour satisfaire notre curiosité. Les édifices somptueux ne s'y comptaient pas, mais ce qui caractérisait la richesse de la ville, c'était la beauté des demeures particulières ; la plupart des maisons avaient quatre ou cinq étages; quand on songe à de pareilles constructions dans un pays où le climat est si doux, et où la vie publique était tout extérieure, on se fait une idée de la richesse de Thèbes aux cent portes.

Cette ville superbe avait ses faubourgs, ses jardins, ses cirques, et tout autour des remparts, en des points stratégiques, de vastes camps où se retranchaient des milices permanentes, prêtes à marcher au premier signe pour défendre les frontières ou les alliés, comprimer la révolte d'un peuple vaincu, ou voler à de légitimes conquêtes. Toute une grande agglomération d'hommes vivait ainsi autour de Thèbes. Nous ne parlons pas du confort des habitations et de leur luxe intérieur; nos données ne sont pas assez complètes, mais nous pouvons affirmer que partout il y avait profusion d'eau et de fontaines jaillissantes.

III

Après avoir donné un coup d'œil rapide sur l'ensemble de Thèbes, nous nous rendîmes, selon le conseil de notre excellent *Guide* Isambert, à la Thèbes funéraire, de l'autre côté du Nil; jamais aucune nation n'a fait aux morts d'aussi grandioses demeures.

Le lendemain, de bon matin, notre bateau aborda la rive libyenne; le jour commençait à déchirer les gazes bleues du ciel, la lune se cacha derrière un nuage pourpre et le frangea d'une blancheur éblouissante. Tous les touristes furent exacts; les dames foulèrent les premières la rive où jouaient des rayons argentés et où des baudets choisis leur étaient réservés.

Notre drogman chef, en serviteur moderne, ainsi que les domestiques du bateau, s'était approprié la meilleure et la plus belle monture ; à cette vue nous partîmes d'un éclat de rire homérique et nous les laissâmes jouir de leur triomphe ; on s'apercevait qu'Alexandre, le parfait organisateur des bateaux à vapeur des Compagnies Cook, nous avait quittés la veille : les rats dansaient en l'absence du chat.

La joyeuse caravane se mit en route. Dès mon arrivée à Louksor, j'avais arrêté un jeune homme très éveillé et parlant assez bien le français ; il avait été au service de chercheurs d'antiquité et connaissait les moindres recoins de cette vaste plaine. J'allais au petit trop avec ce fidèle compagnon et mon ami belge ; quelques lords anglais nous suivaient à distance. Nous fûmes rejoints par trois ou quatre jeunes filles qui nous suivirent au pas de course avec leurs amphores sur la tête ; elles avaient leurs robes de fête et paraissaient assez jolies, malgré la teinte un peu trop brune de leur visage.

La caravane traversa sans encombre un canal d'irrigation qui formait un étang d'une vaste surface. Au milieu de l'eau une lutte ardente s'engagea entre un jeune Allemand et un jeune Anglais : armés d'un long bambou en guise de lance, ils combattaient en vrais chevaliers et à armes courtoises, soulevant autour d'eux des vagues, qui les inondaient ; ils furent applaudis par les dames et se retirèrent enfin satisfaits de cette joute d'un nouveau genre.

Le spectacle offert par les jeunes combattants avait mis

en gaieté la caravane, qui devint passablement bruyante ; on faisait des galops furibonds, et au repos on chantait en chœur ; le soleil calma bientôt les plus ardents, déjà la chaleur était intense : que serait-elle dans la journée !

Nous avions quitté les belles plaines cultivées, et nous entrions brusquement en plein désert ; frappés par cet aspect désolé, nous sentîmes bientôt monter à nos cœurs des pensées d'une gravité profonde : nous étions dans la vallée des rois, c'était l'empire de la mort.

Je ralentis ma marche ; saisi par la majesté de la royale nécropole, je voulais la visiter au milieu de son silence solennel. La vallée des tombeaux est étroite et répercute les pas des montures ; on aurait cru entendre un roulement funèbre de tambours voilés, comme pour une cérémonie en rapport avec ce lieu. J'avançais respectueux, mais non sans crainte : je ne pouvais faire un pas sans rencontrer quelque redoutable vestige de la mort.

La gorge où nous étions est calcinée par les rayons brûlants du soleil ; des circuits sans nombre en font un vrai labyrinthe ; partout gisent des monceaux de décombres arrachés au cœur de la montagne : un sable blanc scintille sous la lumière qui m'inonde. L'air circule mal dans ces replis ; je ne respire qu'une atmosphère épaisse, deux fois brûlante, et par les rayons dardés perpendiculairement, et par les reflets presque intolérables des roches blanches, qui, grâce aux sombres excavations, font à l'œil un contraste fatigant.

Plus loin la vallée prend une teinte plus désolée encore, les rochers revêtent des formes fantastiques qui rappellent celles de tous les monstres de la création; les uns ressemblent à des squelettes gigantesques de cyclopes frappés soudain par un cataclysme au moment où ils commettent quelque grand crime; d'autres ont la laideur des hiboux, les ailes informes des démons odieux et grimaçants. Quelques-uns ressemblent à d'énormes poissons et à des serpents hideux qui se livrent d'interminables combats. Sur les arêtes de ces rocs, des singes accroupis sont prêts à franchir d'un bond des gorges effrayantes. Dans les parties moins éclairées, les lignes heurtées de cet étrange paysage le dessinent plus nettement; l'œil y découvre de vraies figures d'hommes avec leurs chevaux; ce sont des luttes, ce sont des chasses aux fauves les plus invraisemblables : le spectacle est unique; il faut que le ciseau des Égyptiens, et un ciseau de la plus sauvage poésie, ait ajouté à la nature du site.

Dans la suite de ce récit, j'aurai l'occasion de faire quelques descriptions analogues; tout mon regret, c'est de ne pas avoir encore des photographies qui placent sous les yeux du lecteur la preuve de l'exactitude de mes souvenirs. A certaines heures de la journée, le jeu de la lumière produit dans ces rochers, tourmentés par tant d'excavations, les effets les plus étonnants et capables de défier l'imagination la plus dantesque.

A un moment, le chemin que je parcours devient sonore comme si je marchais sur une caverne; la chaleur est torride, le soleil plonge entre ces deux parois blafardes et change la vallée des morts en une fournaise; la lumière devient si intense qu'elle efface pour l'œil toute perception des formes; tout cet ensemble n'est plus qu'un scintillement qui éblouit et auquel la vue ne pourrait longtemps résister.

Je me dérobai sans retard à cette influence, et, rejoignant mes compagnons, je me retrouvai à l'entrée des royales sépultures; elles sont creusées au milieu de ces grands cercles de la mort, dans de profondes galeries et des palais souterrains, dignes des illustres Pharaons.

Quand un Pharaon avait reçu l'investiture et qu'Osiris l'avait sacré roi dans son temple, ce monarque assemblait de tous les points de son empire les savants, les scribes, les poètes, les architectes, les peintres, les sculpteurs, les astronomes, puis un capitaine renommé, et enfin des prêtres. Il confiait à cette troupe d'élite le soin de préparer sa sépulture éternelle, mais il en conservait la suprême direction, car nul ne savait mieux que lui-même parler de sa gloire, de ses bienfaits et de ses vertus domestiques. L'emplacement choisi, les travaux se commençaient de suite; on perforait sans relâche la montagne sur des données à peu près exactes pour ne pas perdre un instant, et le premier architecte commençait l'exécution presque sans difficultés, car toutes les grandes tombes royales s'ouvraient par une galerie droite, qui à son extrémité s'inclinait dans les profondeurs de la terre, suivant un plan uniforme.

Les travaux se continuaient sans relâche jour et nuit pendant tout le règne du roi; dès qu'une certaine partie de la galerie était perforée, les artistes, se mettant à l'œuvre, couvraient les parois des galeries souterraines de magnifiques peintures et sculptures; nous pouvons les admirer aujourd'hui après plusieurs mille ans, et, ne nous lassons pas de le redire, plusieurs sont aussi fraîches que si elles venaient d'être exécutées.

Ces tombeaux sont de vrais labyrinthes divisés en compartiments ou vastes chambres sur les parois desquelles on représentait une scène de la vie du pharaon; chaque chambre était dissimulée par une porte murée qu'on avait revêtue d'un stuc solide, recouvert de peintures. Il a fallu les patientes recherches des savants et tout leur amour de la science, pour découvrir cette suite de vastes salles d'inégale grandeur, se suivant ou se communiquant par des couloirs, par des plans inclinés ou des escaliers qui s'enfonçaient dans les profondeurs.

A l'avant-dernière galerie, on creusait un puits que suivait une autre galerie, et enfin la dernière salle. Lorsque les prêtres avaient revêtu la momie royale des bandelettes sacrées, on descendait le cercueil jusqu'à la dernière chambre, où il était enfermé dans un riche sarcophage; cette chambre était ensuite murée, l'emplacement du puits disparaissait, toutes les grandes salles avec l'entrée première étaient successivement fermées, puis on opérait, avec les matériaux des fouilles, un nivellement parfait; dans la suite des siècles, les vents du désert, y apportant les sables, faisaient disparaître toute trace de travail humain. Les Pharaons se croyaient ainsi inviolables pour l'éternité!

C'est de ces tombeaux qu'on a tiré les trésors destinés au musée de Boulak, rassemblés par M. Mariette-Bey. Les Égyptiens avaient coutume de renfermer dans un cercueil tous les objets qui avaient servi au mort; de là les richesses accumulées dans les sépultures, richesses variées qui nous ont initiés aux mœurs nationales, dont on tenait à perpétuer la mémoire. Les peintures murales, où la vie intime est prise sur le vif, n'ont pas d'autre motif.

Nous avons visité ces vastes galeries funéraires avec une grande attention; notre plaisir était de voir les rois dans leur gloire et leurs richesses, au milieu de leurs familles, se livrant aux travaux de la paix — gloire la plus précieuse pour un souverain, quand elle est possible.

IV

Le plus remarquable de tous ces palais funéraires est celui du grand Sésostris appelé dans les cartouches Ramsès II. C'est la plus vaste des tombes royales et la plus riche en ornements : la longueur du règne de ce prince avait permis d'y déployer toutes les splendeurs.

L'honneur de la découverte de toutes ces belles tombes revient en partie à l'intrépide voyageur M. Wilkinson. Elles ont été numérotées et portent le nom de chaque savant qui les a découvertes; celle de Sésostris, creusée il y a plus de 3,000 ans, fut découverte par Belzoni.

Avec quelle respectueuse curiosité, avec quel sentiment élevé ne pénètre-t-on pas dans ces galeries, tombeaux qu'aucun peuple n'a jamais imités ! On voit ces pharaons terribles ou cléments, ces dieux étranges inventés pour le besoin d'une politique; quelle que soit la force morale du visiteur, il ne peut se défendre d'une solennelle impression. J'en parcourus une seule avec mon petit guide ; je voulais éprouver ce qu'on doit ressentir à la vue de toutes ces images de la mort, de ces pharaons aux regards terribles châtiant les prisonniers, commandant la victoire ou bien réglant l'administration, faisant respecter la loi, prévoyant les besoins du peuple, se montrant grands partout et ne s'humiliant que devant la mort, mais s'y humiliant en philosophes religieux, en sages soucieux de leur avenir et de leur postérité.

Les pas répercutés, les pierres que nos pieds font rouler dans ces escaliers sans fin, la torche fumante, la lanterne sourde fixée à la ceinture, cette lumière douteuse insuffisante dans ces galeries sombres et ces salles élevées, tout agit sur l'âme, ébranle ses puissances et paralyse sa volonté;

c'est le mystère, toujours le mystère. Et pourtant j'allais toujours; je m'étais promis avant mon départ de ne reculer devant rien; mais avec quelle joie je revis la lumière du jour !

Toute la caravane visite le palais funéraire du grand Sésostris ; quelques intrépides partent bien avant les autres munis de magnésium dont l'éclat illumine *à giorno* ce vaste palais. Nous traversons une galerie, au bout de laquelle se trouve un escalier monumental qui s'enfonce dans les entrailles de la terre. Nous atteignons bientôt un long couloir de 3 mètres de largeur, couvert d'inscriptions et aboutissant à une porte. Nous descendons un second escalier; puis nous pénétrons par une autre galerie dans une vaste salle couverte de peintures représentant les derniers moments de Sésostris.

Nous trouvons une suite de salles plus grandes; quelques-unes sont soutenues par des colonnes chargées de sculptures ; mon ami interroge la paroi et parle de la civilisation moderne à ces Pharaons qui semblent sourire d'un air incrédule; après quelques marches, nous trouvons une nouvelle salle soutenue par deux colonnes seulement ; tous les tableaux ne sont qu'esquissés sur le stuc; mais quelle pureté de dessin, quelle élégance de formes, quelle science même de composition! On dirait surtout ici que l'artiste vient de déposer son crayon.

Nous entrons dans une suite de salles au bout desquelles s'en trouve une plus spacieuse supportée par six colonnes, qu'entourent d'autres plus petites, semblablesaux chapelles de nos églises. Une longue galerie nous conduit dans une salle ornée d'une coupole ; cette dernière est fort belle ; il s'y trouvait autrefois un riche sarcophage d'albâtre; nous l'avons vu au musée de Londres. A gauche, nous explorons une nouvelle pièce chargée de sculptures diverses; nous n'avons pu en reconnaître les sujets.

Nous marchons toujours. Bientôt un bruit formidable éclate à nos oreilles : ce sont les jeunes gentlemen; en entrant daus les tombeaux ils saluent par des décharges répétées la majesté des Pharaons ; les formidables grondements de l'écho dans ces galeries nous arrivaient comme la grande voix de l'éternité qui doit réveiller un jour tous ces rois superbes endormis depuis tant de siècles.

Nous nous reposâmes à l'entrée du grand escalier double séparé par un plan incliné; il est défendu aux touristes de s'y aventurer; nous reprîmes haleine à l'entrée de ce gouffre béant dont le mystère nous attirait tout en attristant nos pensées. Je songeai à ma propre mort; je vis cette justice divine toujours redoutable à pareil moment, et si facile pourtant à satisfaire ici-bas : chaque jour un regard vers le ciel, une prière du fond du cœur, encens de l'âme dont la fumée blanche monte aux pieds de l'Éternel... voilà la dîme légère exigée par Dieu... et... j'avais peur!

Tout avait été fait dans ces palais funéraires pour détourner les recherches probables des profanateurs: ici l'on avait creusé un puits profond sans aucune communication avec les galeries du sarcophage, et on l'avait comblé pour dépister les recherches; là se présentaient de fausses ouvertures, et les vraies étaient dissimulées par des maçonneries à peine recouvertes de stuc et chargées de peintures : vaines précautions : la science a pénétré partout.

Ce n'est pas la grandeur de ces tombes, l'immensité de ces galeries qui frappent surtout le visiteur ; ce sont ces éternels tableaux des parois : ils font si naïvement défiler sous vos yeux la civilisation égyptienne! l'ensemble de ces tableaux nous donnent tant et de si fidèles détails sur les usages, les mœurs, les arts, le luxe et les raffinements de ces peuples anciens!

Nous avons glané dans ces galeries et groupé le tout afin de tracer ici nos aperçus et nos impressions sur ce peuple si éloigné de nous.

Nous assistons à des scènes vivantes dont quelques-unes nous offrent des signes astronomiques où l'on voit comment les Égyptiens connaissaient le ciel, les rapports qu'il avait avec leur culte et leurs expéditions lointaines, avec la culture, la semence, l'art de la médecine; on ne laissait rien au hasard, et pour les travaux agricoles, on se conformait toujours aux observations astronomiques.

Nous voyons ouvrir les canaux dont les eaux fécondent les terres, semer, récolter, transporter la récolte vers la maison; nous remarquons l'animation qui règne parmi les travailleurs, les animaux employés, les instruments de la culture. Un maître ou son intendant préside toujours aux travaux agricoles; quand c'est le maître, nous dit M. Mariette, il est toujours entouré de sa famille, et les enfants lui apportent les prémices des récoltes faites par l'esclave : c'est un hommage rendu au père de famille. Aussi tous ont une figure rayonnante de joie pieuse et expansive : les dieux ont donné une belle et abondante récolte.

Nous admirons ensuite les jardins : quelle profusion de plantes et de fleurs! que d'oiseaux de toute espèce! Puis nous reconnaissons les vergers à l'uniformité des plantations, au luxe de l'irrigation et aux animaux qui broutent l'herbe tendre. Vous diriez qu'on va toucher aux fruits de ces paradis terrestres; leur aspect savoureux, leur appétissante couleur agissent sur l'œil et presque sur le palais! On les cueille, on en remplit de grandes corbeilles pour les emporter au fruitier, tout comme dans nos maisons modernes.

Dans de certains tableaux, des harpistes jouent et des jeunes filles dansent sous les arbres qu'elles vont dépouiller de leurs fruits; dans d'autres, nous voyons des scènes de la vie positive et matérielle : on prépare les aliments à la mode antique; tout se fait dans la même pièce; ici ce sont des esclaves qui tuent des moutons ou d'autres animaux; un bœuf est découpé en morceaux et jeté dans d'immenses chaudières posées sur un trépied sous lequel brûle un feu ardent; on croit voir la flamme pétiller. A côté l'on prépare la chair pour différents usages; on l'arrose de piment, que l'on broie dans des mortiers pareils aux nôtres. Le pâtissier est aussi à l'œuvre; les légumes se préparent avec soin, et les esclaves paraissent conscieusement s'acquitter de la besogne qui leur est confiée. Ailleurs on manipule le vin et d'autres liquides, on en transvase avec des siphons : presque rien n'était inconnu à ces peuples antiques.

Passons à l'ameublement. Peut-être vous le croyez bien primitif. Nullement. C'est le luxe, le grand et le beau luxe. Il y a des lits d'une suprême élégance, couverts de draperies. d'un goût exquis; de riches tapis, des peaux d'animaux sauvages, de beaux sièges, des vases, de grands bassins d'un travail admirable, et une infinité d'objets de toute nature qui annoncent un confortable inconnu de nos jours, même chez nos voisins d'outre-mer. Ainsi le faste se montrait partout dans ce pays du soleil, où l'on passait la plus grande partie de la journée dans ces beaux jardins aux pavillons nombreux qui remplaçaient les maisons.

Auprès des tableaux vivants, on voit des tableaux mortuaires : le pharaon passe de vie à trépas; après les délices de la terre, il faut songer à l'autre monde; mais laissons parler M. Mariette-Bey, ce maître en égyptologie :

« Dès les premiers pas que le visiteur fait dans le tombeau, il se sent littéralement dans un monde nouveau. Les tableaux presque joyeux des tombes de Saqqarah et de Béni-Hassan ne sont plus devant ses yeux. Le défunt n'est plus dans sa famille entouré des siens. On ne façonne plus les meubles, on ne met plus les barques sur le chantier, des fermes aux nombreuses cours ne nous montrent plus les bestiaux, bœufs, antilopes, bouquetins, oies, canards, demoiselles de Nubie, défilant en présence des intendants. Tout devient, si nous osons ainsi parler, fantastique et chimérique. Les dieux y ont des formes étranges. De longs serpents se glisent çà et là au bas des chambres, ou se dressent contre les portes. Il y a des condamnés qu'on décapite, d'autres qu'on précipite dans les flammes.

« A vrai dire, une sorte d'épouvante saisirait le visiteur qui pénétrerait seul dans ces souterrains, s'il ne savait qu'après tout, le fond de ces bizarres représentations est le dogme même le plus consolant, celui qui, après les épreuves de la vie, assure à l'âme le bonheur éternel.

« Tel est, en effet, le sens des tableaux dont les parois de la tombe sont décorées. On a dit qu'avant de leur donner la sépulture, les Égyptiens jugeaient leurs rois. C'est dans le sens allégorique qu'il faut comprendre cette légende. Le jugement de l'âme après sa séparation du corps, les épreuves qu'à l'aide des seules vertus dont elle a fait preuve sur la terre elle doit surmonter, voilà le sujet des représentations presque sans fin qui couvrent la tombe, de la porte d'entrée au fond de la dernière chambre. Les serpents qui se dressent à chaque porte en lançant leur venin, sont les gardiens d'une des stations du ciel ; l'âme ne passera pas si elle ne justifie de sa piété et de sa bienfaisance. Ces longs textes qui, autre part, s'étalent sur les murs, sont des hymnes magnifiques que l'âme entonne en l'honneur de la divinité et où elle célèbre sa grandeur. Le mort une fois jugé digne de la vie éternelle, les épreuves sont accomplies; il devient dieu lui-même; désormais pur esprit, il circule dans le monde infini des astres. La tombe n'est ainsi que le voyage figuré de l'âme jusqu'au séjour éternel. Elle le prend à sa sortie du corps, et de chambre en chambre, elle nous fait assister à sa comparution devant les dieux, à son épuration graduée; finalement dans la grande salle du fond, elle nous montre sa définitive admission dans la vie « qu'une seconde mort n'atteindra pas. »

V

On voit par cette savante explication combien ces tableaux sont intéressants ; aussi fallait-il entendre les exclamations de quelques touristes, qu'on ne pouvait arracher à l'admiration; il fallut que la cloche du drogman retentît dans les galeries pour leur rappeler l'heure du déjeuner.

Chacun se groupa selon sa préférence, et je me joignis au trio formé par le philosophe, le comte de C... et Mentor[1]; les saillies de ces trois gentlemen me divertissaient et j'avais toujours à gagner à leur conversation. Mon ami belge rejoignit son camarade, un vrai géant.

[1] Mentor est le nom que je donnais à mon charmant compagnon de voyage M. M***. Partis ensemble de Lyon, nous ne nous sommes pas séparés pendant notre séjour en Égypte.

Chacun s'était installé comme il avait pu, sans compter sur l'aide de notre inepte drogman. Dans ces déjeuners nous vivions un peu de l'air du temps; une poignée de figues, des œufs durs, du fromage, une fois des poulets que personne n'a pu manger; mais que nous importait!

Nous avions des compagnons qui faisaient de vrais festins, mais il leur fallait une demi-bouteille de cognac pour aider leur digestion; pour nous, nous étions placés sur une moitié de stèle ou pierre funéraire que j'avais roulée à grand' peine et à l'ébahissement des Arabes; notre pauvre repas fut étalé, et le philosophe, tout en savourant ses figues, déchiffrait les hiéroglyphes de la stèle.

La place choisie pour ce repas était l'entrée des tombeaux de Sésostris; nos tables étaient des pierres tombales, nos sièges des débris de tombeaux, il ne nous manquait plus que des crânes de momies pour compléter la couleur locale; mais les convives oublient les lugubres souvenirs, ils laissent les morts dans les souterrains, et tâchent de prolonger leur existence avec un peu de nourriture.

Plus de cent Arabes nous entourent et épient avec des yeux d'envie les miettes de notre maigre festin; les marins de notre vapeur pouvaient les contenir, mais les Américains ne perdirent pas une si belle occasion de les faire lutter en leur jetant quelques morceaux de pain, des oranges et des parats. Au désert comme au désert : nous dévorions avec plaisir figues et oranges, espérant nous rattraper le soir avec des tranches de buffle. Dans le cercle de la jeunesse, l'animation n'est jamais absente; les bouchons de vin de Champagne sautaient avec bruit; c'étaient les obus que les peuples rassemblés au seuil du palais funèbre du grand roi se lançaient avec grands éclats de rire.

Le bruit du champagne arrachait des soupirs aux sombres galeries, comme une plainte des rois et des reines de ne pouvoir goûter au nectar moderne, supérieur au vin de miel d'Osiris. La majesté et la terreur des tombeaux n'avaient plus d'action sur la jeunesse un moment transformée, oublieuse du temps et du lieu. Des torches d'une main et le verre de l'autre, elle s'avançait dans le palais mortuaire et vers les tableaux qui représentaient les les divinités et les familles royales, portant des toasts aux princesses, adressant à tous des discours. Les reines dans leurs cadres de pierre semblaient leur sourire, et elles permettaient à leurs jeunes admirateurs les rêves les plus charmants, car les bulles de l'aï ou de l'épernay qui pétillaient dans leurs coupes se mirent à danser dans leurs cerveaux, pour leur troubler la tête et le cœur même.

Nous laissons nos gais compagnons, et je gravis seul le cône élevé de la chaîne libyque qui domine le sombre entonnoir mortuaire; je me vois suivi de mon guide et de trois jeunes filles qui ne veulent plus me quitter, heureuses d'avoir reçu des bagchichs au lieu de coups de cravache.

Je suis sur le point culminant du cône, l'air est frais et léger; rien ne me voile le plus large horizon; à mes pieds s'ouvre la vallée funèbre que semblent garder des monstres fantastiques ; les entrées des tombes s'ouvrent comme des bouches béantes prêtes à engloutir des générations nouvelles ; le blanc fauve des roches calcaires scintille au soleil, comme une multitude de cierges entourant un cercueil; le soleil qui égaye tout, attriste cette vallée de la mort.

Les vautours planent autour de cette cime élevée en battant lourdement leurs ailes, une décharge de mon révolver les éloigne bien vite. Je pus contempler à loisir le beau panorama qui se déroulait devant moi, j'avais besoin de reposer ma vue par des tableaux riants; je détournai les yeux des nécropoles et du désert pour les laisser longtemps errer sur le tapis d'émeraude qui s'étendait au loin.

A ma droite je voyais les ruines du palais de Ramsès et de nombreux débris épars dans la plaine entourés d'une végétation luxuriante ; plus loin la statue colossale du grand roi, gisante encore sur le sol, car cette impérissable relique a bravé le vandalisme insensé de Cambyse. C'est la plus gigantesque qui ait été taillée en Égypte ; formée d'un seul bloc, elle mesure 17m50 de hauteur et son poids n'est pas moindre de 1,217,872 kilogrammes. La terre d'Égypte reconnaissante entoure de myrtes et de fleurs parfumées ce monument du Pharaon qui l'a faite si glorieuse au dehors et surout si heureuse au dedans.

La-bas, au mileu d'une plaine verte, se dressent les deux grands colosses de Memnon, placidement assis depuis plusieurs mille ans sur leurs trônes de granit rose, les mains sur leurs puissants genoux comme pour attendre l'adoration des peuples ; mais les peuples ne viennent plus brûler l'encens à leurs pieds ; leurs autels sont déserts, l'herbe croît tout autour et les oiseaux de proie aiguisent leurs becs sur leurs têtes silencieuses.

Dans le lointain, je vis de vertes cultures arrosées par le Nil qui roule des flots sombres et majestueux avec une sereine tristesse, comme s'il portait le deuil des grands Pharaons ; au delà du Nil, Louqsor s'efforçait de sortir des maisons arabes qui l'engloutissent, pour montrer sa colonnade dans toute sa splendeur ; puis Karnak étalait ses ruines majestueuses comme une montagne soulevée par un volcan.

Voilà la Thèbes des fiers et puissants Pharaons, la capitale du monde ancien. Le cœur de la civilisation des nations ne bat plus ; ces artères immenses ne sont que débris et poussière, débris assez vaste, poussière assez éloquente pour reproduire une vive image de la puissance de cette ville, reine de tant de peuples.

Je quittai le sommet du cône élevé; le soleil s'enveloppa d'un manteau sombre, et le brillant panorama fut fermé pour moi. Tout me faisait présager un violent orage ; les nuages qui couvraient le soleil avaient une teinte ocrée, comme s'ils renfermaient des flammes dans leur sein. Mon petit guide me conduisit par le sentier oriental de la chaîne libyque; sur l'autre versant se trouve une vallée triste qui va déboucher dans la plaine entre les collines d'Abd-el-Kournah et d'el-Assasif, non loin de l'hypogée de Karnak.

VI

Quelle nudité navrante sur cette suite de hautes collines que je parcourais! Pas un brin d'herbe dans le sentier poudreux; partout un calcaire blanc, une terre fendillée par l'implacable soleil; à la descente le sentier devient étroit, glissant et dangereux, rasant constamment le précipice ou des roches droites comme un mur. Les touristes ne prennent jamais ce chemin, que suivent seuls les réfractaires à l'impôt. Le sentier court longtemps dans de profondes échancrures de la montagne et forme de longs lacets; à ces parois verticales se trouvent des trous béants, hypogées dont la visite est réservée aux oiseaux de proie.

Le plus bas des hypogées de Karnak peut s'escalader si l'on n'est pas sujet aux vertiges et qu'on ait les phalanges assez solides pour faire quelques rétablissements difficiles. Mes compagnons n'étant pas encore arrivés dans la plaine, je grimpai dans une ouverture et laissai mon petit guide dans le sentier. Muni de mon excellente lanterne et d'une grosse bougie, je m'avançai dans ces galeries qui ne ressemblent en rien aux autres hypogées. Les voûtes sont soutenues par des piliers carrés taillés dans le roc; j'arrivai dans une longue suite de chambres de dimensions et de formes inégales; je traversai maintes galeries étroites qui, invariablement obliquaient à gauche.

Un instant je m'arrêtai; il m'avait semblé entendre des pas, mais j'étais peut-être le jouet de mon imagination impressionnée : recourant aux grands moyens des poltrons je fis une décharge de mon révolver dans la direction de la galerie, et pendant que je changeais de balle j'eus la joie et aussi l'effroi d'entendre un formidable écho, qui hurlait sans produire ces sourds grondements et roulements semblables au tonnerre, que j'avais entendus dans les souterrains de Dendérah et dans les palais funèbres du grand Sésostris.

Toujours armé de mon révolver, je continuai de m'avancer avec une hardiesse... relative. Il est certain qu'on ne peut user de trop de prudence dans ce pays des surprises; il me semblait depuis un instant que la galerie tournait comme pour revenir au point de départ ; tout à coup un air nouveau rafraîchit mon visage, ma bougie vacilla. Après quelques pas, j'abordai plusieurs chambres du même style que les premières; je vis le jour et entendis beaucoup de bruit. Je fais quelques pas ; qu'aperçois-je? toute la caravane. Qu'est-ce qui avait frappé mon oreille? un chœur dans lequel Anglais et Allemands faisaient leur partie. C'était le cas de réclamer une place quelconque dans ce concert : mon révolver parla pour moi; mes compagnons virent s'agiter mon chapeau. Un immense hourrah me répondit avec une suite de détonations.

L'ouverture d'où j'avais à descendre était assez élevée, mais avec des précautions et l'habitude de la gymnastique je pus descendre sans accident.

Ce vaste hypogée de Karnak n'a jamais été exploré entièrement; c'est le repaire ordinaire des malfaiteurs qui craignent la justice, et le refuge des habitants du village à l'époque de la perception des impôts, car l'Arabe n'aime guère à les payer.

J'eus l'honneur d'une réprimande du drogman chef : je lui avais fait encourir, prétendait-il, une grave responsabilité par mon aventure. Sans doute si j'avais su que ces hypogées pouvaient être la demeure d'aimables handits, je ne m'y serais point aventuré seul; n'ayant rien présumé de tel, j'avais marché plein de sécurité. Comme d'ailleurs il ne restait aucune grotte funéraire à explorer, je promis à notre désagréable cicerone d'être bien soumis et bien sage à l'avenir. Je m'inclinai profondément en signe de respect, ce qui le rendit furieux, au grand plaisir de toute la caravane. On détestait cet homme, grossier avec tout le monde et particulièrement impoli avec les dames. Certes si, même à haut prix, nous avions pu le renvoyer, nous l'aurions fait; mais enfin au retour, M. Alexandre, directeur, a fait justice, à la demande générale.

Le pied oriental de la montagne libyque a été profondément remué; on dirait un champ mortuaire fouillé la nuit dernière par des voleurs ; nous y voyons des crânes brisés, des bras, des jambes encore enveloppés de leurs bandelettes, des tibias épars de tous côtés, des toiles encore imprégnées du baume qui avait le privilège de conserver aux corps une intégrité tant de fois séculaire.

Chaque jour on voit les Arabes, pareils à des bandes de chacals, creuser et fouiller, dans ces champs de la mort après lesquels ils s'acharnent pour tirer profit de quelques ossements qui y sont renfermés ; telle est l'inviolabilité des sépultures égyptiennes, inviolabilité que les antiques populations avaient si bien le droit de croire assurée !

VII

Les collines d'Abd-el-Kournah et d'Assasif renferment de nombreux hypogées remarquables par leur antiquité, l'intérêt de leurs tableaux ou leur grandeur colossale.

Leur construction remonte aux dernières dynasties thébaines (les XVIIIe, XIXe et XXe). Une partie de celles que nous avons visitées sont creusées à une grande hauteur et l'abord en est des plus dangereux.

De ces sépultures, les unes étaient communes, les autres réservées aux prêtres, et sur chacune de celles-ci s'élevait une petite pyramide.

D'autres encore plus somptueuses étaient attribuées aux reines de sang royal; naturellement les héritiers des Pharaons n'avaient pour mère que des princesses de haut rang, qui bien souvent ont joué un rôle prépondérant dans les affaires publiques; aussi leurs funérailles étaient somptueuses et leurs tombeaux magnifiques; il n'y a plus que les restes informes de ces sépultures, et, chose regrettable, elles ne peuvent rien nous apprendre sur ces reines.

Dans les plaines se trouvaient les tombes communes appelées syringes; c'étaient des puits vastes et profonds, où l'on jetait les morts après les avoir enduits de bitume.

Quant aux reines, elles avaient nécessairement un train de maison conforme à la richesse et à la puissance du roi; elles avaient des jardins particuliers, remplis d'oiseaux rares et d'animaux de toute espèce; mais l'animal préféré était le singe de la plus petite taille; les nonchalantes princesses voulaient que ces animaux, qui les avaient diverties pendant leur vie, fussent enterrés dans un tombeau non loin des leurs.

Les hypogées d'el-Assasif offrent un grand intérêt: creusés au pied des montagnes, ils ont des entrées monumentales, entourées d'une grande enceinte de briquus crues. Ce genre de tombes n'est pas celui des Pharaons, mais des grands prêtres, pontifes suprêmes, qui pendant plusieurs règnes avaient balancé la puissance des monarques. C'est le plus vaste de tous les tombeaux; il surpasse même celui du grand Sésostris. Quelles richesses, quelle puissance devait avoir ce pontife pour oser se faire creuser un tombeau dépassant en grandeur et en magnificence celui de tous les Pharaons!

Les plus anciens des hypogées sont ceux d'Abd-el-Kournah et d'el Assasif ; on y trouve aussi plusieurs temples qui servirent d'églises ou de monastères aux chrétiens des premiers siècles ; le plus remarquable de ces temples est celui qui en arabe s'appelle Deïr el Bahari ; il fut construit en calcaire par la reine Hatason en l'honneur de Ramsès III et possède des tableaux remarquables.

Nous lisons dans l'Itinéraire de la Haute Égypte de M. Mariette, p. 223, au sujet de ces tableaux :

« Des troupes sont en marche, des trompettes, des officiers les précèdent. Des soldats portent toutes leurs armes. Quelques-uns ont en mains des branches de feuillage. On remarquera aussi les étendards surmontés à la hampe des cartouches d'Hatason. Évidemment nous avons là sous les yeux l'entrée triomphale des troupes revenant d'une campagne.

« Plus loin, presque au fond du temple, à quelques pas seulement de la porte de granit qu'on aperçoit de toutes les parties de la plaine environnante, est un autre tableau, cette fois plus clair. Nous n'en avons plus que la fin. Hatason avait envoyé ses troupes faire campagne en Arabie, L'expédition touche à son terme. Les captifs, les otages arrivent (paroi du sud.) Ceux-ci mettent en sac les tributs imposés aux vaincus ; ceux-là apportent des arbres entiers dont les racines sont enfermées dans des couffes. La couleur de la peau, les armes, les vêtements de ces personnages, méritent d'être étudiés. On verra aussi avec intérêt le dessin des huttes terminées par une coupole. On est au bord de la mer dont la transparence laisse naïvement apercevoir les poissons, et un détachement de troupes égyptiennes s'avance pour recevoir les arrivants.

« La fin du tableau se trouve sur la paroi de l'ouest. Au registre supérieur, nouveau défilé de personnages qui arrivent en suppliants. Plus bas, la flotte égyptienne est échouée sur le rivage. On embarque les tributs, et ici encore les poissons sont figurés avec un art qu'apprécieront les connaisseurs en histoire naturelle. Un troisième sujet orne la chambre à côté, vers le sud. Cette fois nous ne sommes plus sur la mer Rouge aux flots verts, mais sur le Nil aux eaux bleues. Des barques richement ornées sillonnent le fleuve. Au bas du tableau, de nouvelles troupes sont en marche. Mais, tout intéressants qu'ils sont, on ne peut dire si ces nouveaux épisodes se rattachent à la campagne dont la grande scène de la chambre principale nous a gardé le souvenir.

« C'est près de là qu'une belle porte précédée de décombres amoncelés donne accès dans une chambre dont les couleurs ont gardé tout leur éclat. On admirera surtout de chaque côté du couloir du fond, le personnage royal s'abreuvant de lait divin aux mamelles d'Hathor sous la forme de l'une des plus belles vaches que les bas-reliefs égyptiens puissent nous montrer.

« Bab-el-Molouk est le Saint-Denis des rois de la XIXe et de la XXe dynastie. Une bifurcation de la route mène à une autre vallée située un peu plus loin dans l'ouest, où les derniers rois de la XVIIIe dynastie sont enterrés.

« La seule vallée que l'on visite habituellement est la première, celle des rois de la XIXe et de la XXe dynastie. »

Nous citons la description entière que M. Mariette fait de ces tableaux, pour en donner l'idée la plus intelligible ; peu de visiteurs peuvent les comprendre en les voyant, il faut en avoir fait une vraie étude ; alors tout s'explique, alors est soulevé un coin du voile qui cacha si longtemps la vieille histoire de l'Égypte ; alors on se passionne et l'on apprend combien la civilisation d'autrefois était admirable. Nous ne pouvons accorder le temps nécessaire à toutes les merveilles qui défilent devant nous comme les vues d'un diorama ; nous reviendrons, nous ne leur disons pas un adieu éternel, mais au revoir.

VIII

De ce champ de la mort où règnent une tristesse désolante et d'infectes odeurs, nous nous dirigeons vers une tranchée ouverte, au milieu d'une petite colline calcaire aux teintes livides qui font toujours croire à un cadavre dépouillé de son linceul. Nous nous engageons dans une suite d'entonnoirs, de longs sentiers enchâssés dans la pierre, qui fatigue la vue et donne malgré soi de lugubres pensées. Quelquefois ce sont des montagnes qui s'élèvent perpendiculairement et semblent barrer le chemin ; si la tristesse et la désolation pouvaient porter un nom plus expressif, nous le donnerions : c'est l'empire de la mort dans toute sa hideuse crudité ; on dirait ces sentiers creusés par des torrents de larmes, et les collines déchiquetées par des mains au désespoir. Les vautours et les chacals règnent là sans partage, où l'on n'a jamais entendu d'autres chants que des cris déchirants et des soupirs étranglés ; nous hâtons le pas de nos montures, les dames poussent de légers cris d'effroi ; où est, hélas ! le beau ciel d'Égypte ? Il est ici perpétuellement voilé par un nuage sinistre.

Nous nous rendons au palais du Ramesséum, construction gigantesque élevée par Sésostris. Ce palais est tout près de la grande nécropole thébaine, non loin des collines d'Assasif ; longtemps on a discuté la destination de cet édifice, mais après avoir étudié les monuments égyptiens, les mœurs, les habitudes somptueuses des Pharaons, leurs relations avec les rois de l'extrême Orient, on est forcé de convenir que des princes si prodigieusement riches avaient de toute nécessité des palais en harmonie avec leur gloire extérieure, les magnificences de leur cour et tout l'appareil qui fait le prestige de la royauté.

Les temples n'étaient accessibles qu'aux prêtres et aux grands dignitaires, et le roi seul avait l'accès du tabernacle, où reposait le sistre représentant la divinité cachée ; c'était le lieu des entretiens mystérieux du Pharaon et des dieux, ainsi ce dernier apprenait à se diviniser jusqu'à ce qu'il fût lui-même dieu à son tour. Vivant, il habitait presque dans le temple, il n'avait que des portiques, des cours à traverser; mort, son âme revenait, après l'épuration, vers le sanctuaire secret où ses descendants s'entretenaient à leur tour avec le dieu nouveau.

Une grande pensée avait présidé et au choix du lieu et à la construction de ce somptueux palais; c'était en même temps un grand acte politique. Ramsès II avait voulu posséder un palais près du champ de la nécropole thébaine pour montrer qu'il voulait, comme un dieu puissant, régner sur les vivants et sur les morts. Jusque-là les Pharaons avaient bâti des pyramides, creusé d'immenses palais souterrains, mais aucun n'était venu de son vivant asseoir sa demeure sur les limites des deux mondes.

Jamais palais n'avait été élevé avec une telle splendeur. Sésostris n'était pas un vaniteux vulgaire chez lequel l'ostentation aurait tenu lieu de mérite; c'était un sage, son peuple et les peuples étrangers lui donnaient ce titre avec raison. Dans ces grandes œuvres, il ne pensait qu'à rehausser la royauté, afin d'éblouir et d'enthousiasmer la nation par le rayonnement de sa gloire.

Les rois ne doivent point être vulgaires, tout doit être chez eux en rapport avec le haut rang qu'ils occupent : telle était la pensée du grand Pharaon, et cela est si vrai, que les chefs de nation qui se démocratisent finissent par perdre leur prestige malgré un véritable mérite; le trône doit être soutenu par la majesté, et cette majesté doit rayonner sur le pays tout entier. Le premier devoir du roi comme du père de famille, c'est d'aimer, de protéger son peuple; mais un autre devoir tout aussi important, c'est de ne jamais descendre de la sphère sereine et majestueuse du commandement. Nos dynasties ont péri pour avoir été trop débonnaires et n'avoir pas su résister à quelques brouillons ambitieux ou n'avoir pas imposé silence à une poignée de déclassés bruyants, sans valeur, sans autre mobile que la soif de l'or et des honneurs. Enfin, à notre époque surtout, le trône doit s'appuyer sur la force comme sur la justice et la sagesse. C'était la doctrine du grand Sésostris; ce devrait être la leçon des modernes pasteurs de peuples.

IX

Ce prince éleva donc son fameux palais pour que les nations pussent admirer la grandeur d'un règne basé sur ces principes. Rien de plus intéressant que la description des tableaux trouvés dans ce temple, par M. Mariette. (V. *Itin. de la Haute-Égypte*, p. 184 et suiv.).

Nous croyons pouvoir répondre à la question faite par M. Isambert dans son *Guide*. Cette immense enceinte du Ramesséum, distante de la résidence royale d'à peu près 50 mètres, n'était qu'une promenade où les gardes du palais veillaient pour préserver le souverain, sa famille et toutes les richesses de la cour ; les voûtes servaient d'abri aux soldats et aux nombreux serviteurs.

Si, d'après ce qui existe, on reconstruit ce palais, entouré de sa vaste cour, ces immenses tentures garantissant les façades des ardeurs du soleil, ces riches portières, les tableaux des parois, les meubles de bois rare, incrustés d'or, d'argent et de pierreries, les vases précieux artistement ciselés, les tables d'ébène et de malachite, les porte-flambeaux, les tapis, les fourrures, enfin toutes les richesses des peuples vaincus accumulées pendant le long règne de Sésostris, c'est à peine si l'on pourra se faire une idée du Ramesséum.

Voyons-y de plus les savants de tous les pays, les peintres, les sculpteurs, les musiciens, les grands dignitaires, les prêtres circulant dans ces vastes salles, sous les portiques, les princes et les rois vaincus venant saluer le maître du monde : nous aurons une faible image de sa splendeur.

Ce palais était la demeure officielle du grand roi; là se réunissaient les ministres, les gouverneurs de provinces, les ambassadeurs de l'étranger. On y décidait les grandes questions politiques; on y traitait de la paix et de la guerre, on y préparait les actes solennels de la monarchie.

Tout autour, là où règne aujourd'hui le désert il y avait des jardins dignes du palais; la végétation y était entretenue par de nombreux canaux qui répandaient la fraîcheur; l'on y avait élevé çà et là des constructions légères et gracieuses pour les reines et les dames de leur suite.

Ces jardins étaient peuplés d'animaux de toute espèce : c'était la passion des rois d'avoir autour d'eux des animaux de tous les pays qu'ils connaissaient. Ce que nous écrivons ici n'est point une œuvre de fantaisie et d'imagination, c'est le résultat d'une observation sérieuse des mœurs et des habitudes du peuple égyptien, observation puisée un peu partout et surtout dans le second examen que nous avons fait des tableaux, des temples et des hypogées. Pour qui les examine avec soin, ce sont des sujets inépuisables d'étude, et si notre mémoire et nos notes nous faisaient défaut, nous n'aurions qu'à jeter les yeux sur les précieuses photographies que nous possédons de tous les temples avec leurs tableaux; c'est donc avec toutes les garanties possibles que nous affirmons les faits existants avec leur signification, ou que nous reconstruisons le passé avec ses détails.

Nous visitâmes ensuite les magnifiques ruines du temple de Kournah, qui est tout à la fois un tombeau, commencé par Ramsès, premier roi de la XIXe dynastie (1400 ans avant Jésus-Christ) et terminé par ses petits-fils Séti et Ramsès II (Isambert). Ce palais est de médiocre dimension, mais les ornements qui le décorent sont remarquables et d'un goût exquis.

Nous sommes dans une riche plaine très bien cultivée; nous rejoignons toute la caravane qui entoure le colosse de Memnon, statue gigantesque, haute de 60 pieds et en grès si dur qu'aucun ciseau moderne ne pourrait l'entamer; les Égyptiens les taillaient pourtant avec la plus grande facilité. Une de ces statues, brisée par un tremblement de terre avait, dans les vieux âges, une grande célébrité : chaque matin aux premiers rayons du soleil, les lèvres du colosse s'entr'ouvraient pour articuler quelques sons. Les empereurs et les impératrices voulurent être témoins du phénomène; ils firent graver leurs noms pour attester la faculté merveilleuse de cette statue. On comprend aujourd'hui que ce miracle était tout simplement une dilatation de la pierre brusquement échauffée par le soleil d'Orient, après les nuits glacées de ce climat.

Mais l'astre brillant a reparu; les vilains nuages ne cachent plus son disque radieux, et la caravane, joyeuse d'avoir quitté les hypogées, sombre domaine de la mort, entonne un gai refrain en se rendant au palais de Médinet-Abou.

Nous traversons toujours des plaines fertiles ; la jeunesse a pris la tête de la troupe voyageuse et une jeune Australienne, aussi belle que bonne, de sa voix charmante se met à dire un chant écossais; la jeunesse s'y mêlait ensuite par un chœur vraiment beau; mon ami belge faisait la basse, et Mentor, qui était un dilettante distingué, soutenait, dirigeait l'ensemble, de sa belle voix de ténor; c'était une joie, un entrain communicatifs; c'était, en un mot, l'un des moments les plus délicieux de tout notre voyage.

CHAPITRE V

MÉDINET-ABOU

I

Médinet-Abou est un des plus beaux et des plus intéressants monuments de l'histoire d'Égypte ; ses belles peintures murales nous montrent la vieille civilisation dans toute sa naïveté, le travail des champs, celui de la ville, les mœurs la littérature, le génie guerrier de l'ancienne Égypte; la vie publique du pharaon s'y voit dans ses détails, au milieu de toutes ses splendeurs.

Le fondateur du grand temple-palais Médinet-Abou est Ramsès III, qui marcha sur les traces de son glorieux père, l'illustre Sésostris : c'était un prince du plus rare mérite, un guerrier de grand courage, doué d'une haute stature et d'une force prodigieuse ; à toutes les qualités d'un grand roi, il joignit un esprit politique supérieur.

Ramsès III avait pris à la cour de Sésostris le goût de toutes les grandes choses ; sa mère, princesse de haut rang d'une grande sagacité, avait mis toute sa tendresse à élever son plus jeune fils ; il acquit toutes les qualités du cœur et les vertus domestiques, montra dès son enfance, des sentiments virils, une haute intelligence. Son père le destina au trône et l'y prépara en l'associant, jeune encore, à l'administration de l'État.

La fortune de Sésostris était colossale ; Ramsès III l'augmenta encore ; c'est pour laisser un monumeut digne de lui, qu'il conçut le projet de construire Médinet-Abou ; ce vaste édifice s'éleva au milieu d'une plaine fertile, avec tout le luxe imaginable.

Toutefois il est peu de faits historiques qui aient donné lieu à plus de contestations. On comprend la sage hésitation des égyptologues, qui tiennent avant tout à ne donner aucun renseignement inexact ; mais les documents sont là encore debout, et de leur ensemble nous avons une conclusion logique à tirer, conclusion basée sur les mœurs, les habitudes, la religion et les exigences d'une condition prépondérante et souveraine.

Il est certain que ces maîtres du monde le plus ancien, régnant sur la contrée la plus riche, la plus fertile, à proximité des plus grands empires, leurs tributaires ou leurs alliés, devaient avoir des demeures dignes de leurs richesses et de leur puissance et répondant au rang suprême qu'ils occupaient : tout les poussait à bâtir des palais et des maisons somptueuses : la naissance d'un héritier, un mariage avec la fille d'un allié et l'héritier d'un empire, une audience de tributaires, ou la réception d'un roi ami auquel il fallait imposer par une magnificence royale : chacune de ces circonstances ne pouvait avoir lieu que dans un palais répondant à la puissance exercée.

Tous les grands actes de la vie publique ne pouvaient se passer en rase campagne, dans un jardin, à la porte d'un pavillon, ou sous la tente, même la plus somptueuse ; les vastes temples, leur salle hypostyle, ne pouvaient recevoir que l'ordre des prêtres, les princes du sang et le Pharaon ; pour les jours des grandes prières publiques, le peuple devait rester tout autour, pendant que le roi offrait l'encens au dieu unique caché dans les profondeurs du naos.

Mais attenant au temple était souvent un palais ou un pavillon suivant le besoin ou le caprice du roi ; il y avait les appartements officiels, il y avait la demeure particulière ou harem, où nul ne pénétrait jamais ; tout nous le prouve, la dimension des chambres, leur ornementation et les tableaux. Quoi qu'on dise, le monde se renouvelle, à des variantes près. Ne voyons-nous pas au moyen âge les demeures des princes-évêques attenantes à la basilique ? La magnifique église élevée par cet apôtre persécuté de la démagogie genevoise fait un tout avec le presbytère ; c'est une grande pensée de Mgr Mermillod.

Les Pharaons étaient rois et grands prêtres : comme tels, leurs demeures étaient le plus souvent adossées aux temples. L'histoire dit que des savants visitèrent Thèbes après le siège cruel qu'en fit Ptolémée, où le vandalisme des vainqueurs avait exercé les plus cruels ravages ; or malgré les ruines, ces savants ont trouvé de nombreux palais et de vastes quartiers aristocratiques, avec des maisons de quatre et cinq étages. Que ne devaient donc pas être les demeures du roi ! Nous savons en général que les maisons ordinaires étaient construites en bois et en briques crues, et que les hautes maisons étaient l'exception sur cette terre chérie du soleil, où la vie était presque tout extérieure ; telles sont les déductions que nous avons tirées après des études approfondies de l'histoire et des monuments égyptiens.

Si ces palais-temples ne sont point arrivés jusqu'à nous, la cause en est naturelle : de tout temps, les temples et palais sont les dépôts obligés de toutes les splendeurs d'une riche nation et des dépouilles des vaincus ; à la première invasion ils sont pillés ou détruits, et les objets précieux, les chefs-d'œuvre qu'ils renferment vont orner la demeure du roi vainqueur. Ce qui reste des monuments égyptiens a été conservé ou par leur prodigieuse masse ou par les masures arabes. Nous avons dit au chapitre précédent la grande pensée politique d'avoir un palais sur la limite des deux mondes : Ramsès III en réalisa l'idée plus qu'aucun des Pharaons.

Quand le souverain s'était couvert de gloire, il se bâtissait le plus souvent un palais ou un temple orné, comme à Karnac, de magnifiques colonnades ; le pharaon inscrivait sa gloire future sur les grandes parois des constructions nouvelles, afin que les générations pussent l'admirer ; son but atteint, il n'avait pour ainsi dire qu'un pas à faire du palais au temple pour y porter ses offrandes et enfin aller dormir son dernier sommeil dans les sombres hypogées, jusqu'au jour de la suprême purification, qui le mettrait définitivement au rang des dieux.

II

La façade principale de Médinet-Abou était vis-à-vis du temple de Louksor ; sans doute une avenue triomphale conduisait du Nil à ce temple, comme de Karnac au Nil. Médinet-Abou fut en Égypte comme la consécration suprême de l'art ; aussi tous les souverains qui ont succédé à Ramsès III jusqu'aux empereurs romains ont tenu à honneur d'ajouter de nouvelles constructions aux anciennes ; c'est pourquoi nous voyons des bâtiments séparés par de vastes cours, avec de hauts pylônes, des portes monumentales, des colonnades, des galeries couvertes, remplies de magnifiques tableaux de batailles et de royales apothéoses.

La première cour, au fond de laquelle se trouve un rang de colonnes à chapiteaux, est très remarquable ; nous avons franchi le seuil sacré et admiré successivement tous les tableaux, que nous avons fait photographier pour en garder un précieux souvenir; mais nous avons hâte d'arriver au palais, et de traverser le mur de la vie privée des Pharaons.

C'est là le seul et précieux spécimen que l'Égypte possède aujourd'hui; peut-être les nouvelles fouilles de M. Mariette-Bey mettront au jour de nouveaux tableaux aussi importants.

Nous avons parcouru les chambres du palais de différentes dimensions, mais nous sommes revenu, comme tous les visiteurs, à ces scènes incomparables représentées dans certaines chambres ; les fenêtres de toute une partie du palais sont embellies d'une profusion d'ornements, qui les entourent comme de gracieuses guirlandes de fleurs. Tout avait été ménagé pour le bien-être : la lumière entre discrètement, comme pour ne pas fatiguer les yeux ; les plafonds sont richement décorés, quelques-uns sont teintés d'un bleu éclatant, parsemés ou d'étoiles ou de losanges d'or. Nous fûmes étonnés du fini de ce travail et de l'éclat des peintures ; nous nous trouvions vraiment dans les appartements les plus intimes du palais. Voici la description de quelques-uns de leurs tableaux.

Nous voyons le monarque assis sur un riche fauteuil, son visage respire le bonheur ; l'intelligence rayonne sur son front ; ses lèvres sourient ; on le voit heureux de se reposer des grands travaux de l'État ; il a chassé tous les soucis que lui cause l'administration des vastes contrées où il règne ; aussi ne voit-on aucun des grands dignitaires apportant les papyrus à signer. Il sourit à une femme jeune, d'une remarquable beauté et richement vêtue ; elle s'avance vers son roi et lui présente des fruits et des fleurs ; quant à lui, il se penche, et tend les bras comme pour attirer cette femme aimée.

Dans une autre partie, il joue aux dames avec une enfant qui paraît être sa fille, car leurs traits ont une visible ressemblance. Le damier est sur les genoux du Pharaon. la jeune fille est assise à ses pieds, sur un tabouret brodé de différentes couleurs et semble recevoir les leçons de son père, qui paraît y porter une grande attention. Près du monarque on voit de beaux esclaves agitant de larges éventails pour tempérer la chaleur ; l'appartement porte un caractère de somptuosité et de suavité particulières : nous sommes dans le harem.

Dans les cours, sous les portiques, nous trouvons de grands tableaux des batailles qu'avaient livrées les Pharaons ; d'autres scènes publiques y sont traitées avec une grande vérité, afin qu'aucun acte de la vie de Ramsès III ne fût ignoré ; il voulait montrer aux générations futures qu'un roi n'est pas seulement grand par ses batailles, mais aussi par sa bonne administration, par les lois sagement appliquées, et surtout par une vie intime irréprochable.

L'esprit de famille et de paix a été de tous temps la base de la prospérité chez les peuples ; ceux d'entre eux qui ne fonderont pas leur puissance sur la guerre auront toujours un avenir plus certain, car celle-ci trompe souvent, même les plus grands capitaines; tandis que le travail, l'agriculture, les arts, les bonnes lois et une sage administration, portent infailliblement leurs fruits. Ce n'est pas en vain que cette parole mémorable a été dite au jardin des Oliviers : « Pierre, remets ton épée au fourreau ; ceux qui se serviront de l'épée périront par l'épée. » Le glaive ne doit être pour les nations qu'un moyen suprême de défendre leur foyer ou de venger leur honneur.

Ramsès III, comme tous les Pharaons, aimait pourtant à multiplier les tableaux de batailles, nous en voyons une profusion, qui frappent par leur grandeur magistrale. Partout Ramsès est monté sur son char de combat, entouré de ses écuyers qui présentent les armes nécessaires à l'attaque et à la défense ; il lance d'abord des javelots et des flèches, et quand il a fait de nombreuses victimes autour de lui, il excite l'ardeur de ses chevaux, et son char armé de faux culbute tout sur son passage ; sa longue épée à la main, il extermine ceux qui voudraient fuir ; ou bien, voyant un chef ennemi protégé par un vaste bouclier, le Pharaon saisit sa hache ou sa massue et frappe le téméraire ; rien ne résiste à sa fureur ; on croit assister au combat, tant ces tableaux guerriers sont traités avec soin et vérité.

Ailleurs un camp est surpris par le roi ; les tentes sont

culbutées, tout un peuple est en déroute, les soldats fuient, la terreur est peinte sur leur visage ; les femmes épouvantées emportent leurs enfants ; des jeunes filles tombent à genoux et implorent la clémence du vainqueur.

Plus loin nous voyons les débris de toute une armée élevant des mains suppliantes vers le Pharaon, et lui disant : « Épargne notre vie, puissant roi, afin que nous puissions jusqu'à la fin de nos jours chanter ton courage et ta vaillance. » Rien ne devait autant toucher le vainqueur que ces louanges ; mais malgré ces supplications, les mains tombent frappées par la hache impitoyable.

M. Mariette nous dit que tous ces prisonniers sont peints avec leurs costumes nationaux, précieux renseignement pour l'histoire de ces peuples. Nous voyons encore un combat naval, qui nous intéresse au dernier point par la manière de combattre ; on saisit toutes les péripéties de la lutte, et, chose presque incroyable, on reconnaît les vaisseaux montés par les différents peuples ennemis qui livraient bataille aux soldats des Pharaons.

III

Pendant son règne Ramsès III eut à combattre de redoutables soulèvements de peuples unis pour rompre le joug des Égyptiens ; après de nombreuses et sanglantes batailles.

le terrible Pharaon sortit vainqueur de cette levée de boucliers.

Ramsès III était rentré à Médinet-Abou après avoir écrasé la formidable insurrection des peuples soumis à l'Égypte ; il avait fallu sa science militaire et la parfaite discipline des troupes pour lutter avec succès contre des puissances lointaines, belliqueuses, soutenues par de nombreux alliés que tentaient les richesess de l'Égypte.

Avant de soumettre de tels peuples il fallait traverser d'affreux déserts et vaincre une indomptable nature, complice de l'ennemi.

Après plusieurs années de campagnes les dieux accordèrent la victoire au Pharaon : c'est pour célébrer ce fait mémorable que Ramsès III, ayant pris à Médinet-Abou le repos nécessaire, fit tout préparer pour les solennelles actions de grâces aux dieux et les réjouisssances publiques.

Les places de la ville, les portiques des temples étaient remplis des gardes royaux en grand costume ; les phalanges faisaient au palais une ceinture vivante. On avait ouvert au peuple les magnifiques jardins.

Le soleil à son lever semblait plus radieux, plus divin que de coutume. Il faisait étinceler les armes et l'uniforme de fête qu'avaient revêtus tous les soldats. Du Nil jusqu'au palais les troupes étaient rangées en ordre de bataille. Les chefs de légion, les généraux, se montraient éblouissants sur leurs chevaux de noble race, ornés des dépouilles de tant de rois. C'était un spectacle féerique que celui de toute une armée alignée et solide comme les murs d'un temple, précédée des étendards flottant à la brise du matin.

Des mâts d'une éclatante couleur jaune et bleue étaient fixés sur les pylônes des édifices sacrés; ils portaient les images de quelques divinités nationales : le crocodile, le bélier, l'ibis et le chacal.

Tout annonçait au loin que l'Égypte était en fête. Les esclaves et les animaux mêmes en ressentaient la joie et le bienfait. On avait réservé pour le peuple un espace immense et libre. Chacun s'était chargé de verdure et de fleurs pour les jeter sur les pas du cortège royal. Des centaines d'esclaves nubiens étaient chargés d'arroser l'avenue avec l'eau du Nil tenue fraîche dans des outres en peau de sanglier : ainsi malgré la foule on éviterait l'incommodité de la poussière.

Tout à coup le son de cinq cents tamtams frappés en cadence retentit comme un formidable coup de tonnerre[1].

Les premières files du cortège sortaient de la grande porte triomphale. Des prêtres conduisaient le bœuf Apis avec des chaînes d'or. Il est couvert d'une housse avec dessins en losange; sa tête porte le disque lunaire; sur son front est suspendu le triangle mystérieux. Des prêtres por-

[1] Ce tamtam était composé de cuivre jaune, avec un peu d'étain et de zinc. On fabrique d'abord une plaque épaisse; on la trempe à l'eau froide; puis on l'amincit gradulelement au marteau; c'est là le grand art, c'est là le travail qui lui donne avec la douceur du timbre la sonorité puissante qui prolonge ses vibrations comme celles d'une cloche de cathédrale.

tent sur un brancard d'ébène l'auge d'or où l'animal sacré prend sa nourriture.

Après ce dieu venaient des éléphants chargés de corbeilles où l'on avait mis les membres des prisonniers de guerre immolés à la vengeance nationale ; car hélas ! telle était l'offrande regardée comme indispensable pour obtenir la protection divine.

Immédiatement ensuite marchaient les beaux chevaux d'Abyssinie avec leurs chariots dorés sur lesquels se tenaient les princesses des nations vaincues. Elles portaient leur costume royal, mais avaient à la jambe gauche le bracelet d'argent de la captivité. Tous les objets de prix qu'elles avaient possédés les accompagnaient encore et devaient appartenir avec elles à celui des Égyptiens auquel le roi voudrait les accorder.

Contre l'habitude orientale, on fait alors paraître ces nobles femmes sans voile devant la multitude. Le peuple a le droit de les voir, de les admirer, de leur jeter des fleurs ou des couronnes : ne vont-elles pas ce soir être les épouses des grands et des protecteurs du pays ?

Cent longues trompettes sonnent la marche royale du du triomphe. La tête des musiciens est ornée de plumes de paon ; leur robe est d'un drap souple et tissé d'or qui scintille au soleil.

Derrière eux paraît le taureau conduit par les enfants des prêtres ; il doit être d'un blanc sans tache, et les enfants sont revêtus d'un lin de Damas de la même couleur.

Ils portent des corbeilles d'un fort beau travail, remplies de fleurs de lotus dont ils couvrent en marchant le paisible animal. Ils sont couronnés de feuillage ou de fleurs des champs. Un grand prêtre suivi de ses acolytes encense le taureau blanc.

Ce taureau, nous dit M. Mariette est le symbole d'Ammon-Horus ou Ammon-Ra, le mari de sa mère.

Un autre prêtre préside au chant des hymnes sacrés ; d'autres portent divers insignes, vases, tables de proposition et tout ce qui sert au culte. D'autres encore ont les épaules chargées des statues des dieux, les ancêtres et prédécesseurs de Ramsès III venant jouir du triomphe de leur descendant.

Après les royaux ancêtres venait l'oiseau Rennon, emblème de la résurrection ; on le portait respectueusement sur une perche de bois de santal, et sa présence rappelait la renaissance de Pharaon parmi les dieux.

Suivaient des enfants ayant à la main de grandes croix ansées d'or massif, symbole de l'éternelle vie.

A ces enfants succédait la foule des chanteurs accompagnés de tous les instruments de fêtes : tambours, petites trompettes, flûtes, instruments à cordes de toute espèce : l'ensemble formait une harmonie aussi parfaite et plus grandiose que les chœurs de notre époque.

Le peuple était sous le charme.

Des jeunes filles, avec la lyre ou le tympanum, dansaient devant les images des ancêtres.

Ce groupe, l'un des plus gracieux de toute la fête, était suivi des prêtres, qui portent avec pompe la barque sacrée contenant les offrandes précieuses destinées aux dieux : coiffures enrichies de diamants, miroirs de Sidon, pourpre de Tyr, essences, aromates et baumes du Jourdain, outres d'huile vierge de Damas, parfums les plus exquis : toutes ces choses abritées sous un riche palanquin également offert au temple ; ses supports sont en ébène, une guirlande d'or embrasse les bâtons. Le voile est de la pourpre la plus éblouissante, brodée d'or et de perles, et ruisselante de ces diamants qui jettent des feux comme les rayons du soleil.

Ensuite s'avançaient les enseignes propres à chacun des dieux ; les coffres d'ivoire renfermant les statuettes d'or de la Triade, le dieu et la déesse avec les enfants issus de cette union divine (Champollion).

Une autre barque en nacre, rehaussée d'or, d'argent, de pierres pécieuses, était recouverte d'un voile d'une richesse inouïe, sous lequel un nouveau tissu plus blanc que la neige enveloppait le sistre sacrosaint que seul un Pharaon avait droit de contempler.

Enfin six grandes barques accompagnaient cette sorte d'arche d'alliance : elles contenaient tout le mobilier sacré nécessaire au culte de tant de divinités.

La musique royale précède le prince.

Des guerriers forment la garde.

Le roi paraît, et spontanément le peuple s'agenouille : car le roi est aussi le pontife suprême.

Des trompettes d'argent font joyeusement retentir la marche du triomphe. Les troupes acclament le souverain avec des cris guerriers et patriotiques. Un peuple entier jonche de fleurs le chemin que devra fouler le pied des éléphants qui portent le royal triomphateur.

Ces nobles bêtes sont au nombre de vingt-quatre, caparaçonnées d'or, la tête ornée de plumes d'autruches. Ils portent une châsse énorme, toute d'ébène, d'ivoire et d'or, où trône Ramsès.

Les étendards des dieux sont mêlés à sa bannière.

Lui-même est décoré de tous les insignes de sa puissance sur la Haute et la Basse-Égypte, ainsi que sur les contrées lointaines qu'il vient de conquérir.

Les statues d'or de la Justice et de la Vérité entourent le trône et le protègent de leurs ailes. D'un côté le Sphinx d'or, emblème de la prudence unie à la force, de l'autre le Lion, image de la valeur et de la majesté.

Ramsès possédait un lion vivant admirablement privé et d'une taille prodigieuse. Il avait été pris tout jeune dans une forêt d'Asie. Il se tenait couché devant le trône, et les pieds du roi reposaient sur sa tête.

Les soldats d'élite qui entourent le monarque ont à la main des miroirs étincelants qui multiplient son image et semblent le placer pour la foule comme au milieu des rayons du soleil.

Les officiers, armés de ces éventails énormes aussi prodigieusement riches que nécessaires en pareil cas, les agitent autour du trône pour chasser les mouches importunes.

De jeunes lévites marchent aux côtés du char portant les symboles du gouvernement, qui sont: le crochet et le fléau, le sceptre recourbé, l'étui de son arc et d'autres insignes.

Des chefs militaires portent le bouclier d'or du roi, la hache de bronze, la lance et le khopeseli (glaive). Les princes de la famille royale, les hauts fonctionnaires de la caste sacerdotale et les grands chefs militaires suivent le char de triomphe. La cour, les favoris, les grands pontifes sont les plus rapprochés du roi, presque sous son regard; le fils, l'héritier présomptif de la couronne, est aux pieds du trône et brûle l'encens devant la majesté de son père, roi de tant de peuples.

Un important groupe de cavaliers ferme la marche. Il y a des visages de toutes nuances, depuis le féroce soldat à la chevelure blonde, couvert de peaux de bêtes et coiffé d'un lourd casque militaire orné de plumes d'oiseaux, armé d'un bouclier, d'une longue lance, d'une massue et d'une lourde épée, jusqu'aux Indiens revêtus de broderies d'or et d'armes étincelantes.

Ce cortège éblouissant défilait dans l'immense avenue qui, du grand pylône de Médinet-Abou, conduisait au Nil, sur lequel était jeté un pont de bateaux qu'entourait la flotte royale, toute pavoisée de riches couleurs.

Le gouverneur de Thèbes, entouré de ses officiers, vint recevoir le Pharaon à la grande allée des sphinx, qui aboutit à Karnac et se prosterna trois fois devant lui.

Le roi pénètre dans la grande salle hypostyle ; sur une estrade élevée, portant un trône somptueux, est assise la reine, mère de l'héritier présomptif du Pharaon ; son front est ceint de la couronne blanche, un manteau de nuance hyacinthe, brodé de perles, couvre ses épaules, sur lesquelles le retient l'épingle symbolique en bois précieux à tête de chien (Voir le musée de Boulak). Les princes, les grandes dames de la cour entourent la reine ; elle porte une chevelure constellée de pierreries, semblable à celle des déesses ; une longue tresse, placée sur l'oreille droite, caractérise le rang royal.

Le roi s'avance vers chacune des statues, prend l'encensoir d'or des mains de son fils et encense les dieux, comme son fils a fait pour lui-même, puis il prononce cette prière :

« Je suis assis sur le trône d'Horus ; la déesse Hourbékaon réside sur ma tête. Semblable au soleil, j'ai protégé de mon bras les pays étrangers et les frontières d'Égypte pour en repousser les neuf peuples.

« J'ai pris leur pays et de leurs frontières j'ai fixé les miennes. Leurs princes me rendent hommage. J'ai accompli les desseins du seigneur absolu, mon vénérable père divin, le maître des dieux.

« Poussez des cris de joie, enfants de l'Égypte, jusqu'à la hauteur du ciel ! Je suis le roi de la Haute et de la Basse Égypte sur le trône de Toum, qui m'a donné le sceptre de l'Égypte pour vaincre, sur terre et sur mer, dans toutes les contrées. »

Après le roi, le grand prêtre lit les prières publiques ; puis le Pharaon offre les présents aux dieux et donne les esclaves royales à la reine, qui, elle-même, les distribue après la cérémonie ; le grand maître de la maison royale, qui porte le singe vert de la reine, déclare accepter le présent pour sa souveraine (Le singe vert, animal favori des reines, vient du Soudan, selon Mariette-Bey.)

Le roi a quitté le Pscheut[1] et sort de la salle hypostyle, coiffé du casque militaire ; il va seul adorer le sistre dans les profondeurs du sanctuaire et revient entouré des prêtres et des grands sur les bords du lac sacré, dans lequel il trempe ses mains, saisit la faucille d'or que lui présente le grand prêtre et coupe dans le jardin sacré quelques épis de blé, emblème de la paix.

Après cette cérémonie, le Pharaon rentre au temple prendre congé des dieux par de nouvelles libations (scène décrite dans un ouvrage de M. Mariette); puis vient la scène des quatre oiseaux. Les quatre oiseaux sont les génies enfants d'Osiris et protecteurs des quatre points cardinaux. Le grand prêtre leur donne la volée, afin qu'ils aillent annoncer au midi, au nord, à l'occident et à l'orient, qu'à l'exemple du dieu Horus, Ramsès III vient de mettre sur sa tête la couronne, emblème de la domination sur les régions supérieures et inférieures (Champollion, description d'un tableau de Médinet-Abou.)

[1] Le *Pscheut* est un grand diadème que les rois portaient pour accomplir les cérémonies du couronnement à Memphis.

IV

Tous mes compagnons de voyage dormaient encore; j'étais impatient de contempler ces ruines superbes, les plus colossales du monde. Je voulais en recevoir la première impression au milieu d'un profond et grandiose silence.

Le jour n'était pas encore venu, la lune brillait au ciel; sa faible clarté donnait aux objets une tristesse solennelle; je traversai le village de Louksor en compagnie de mon petit guide qui ne me quittait plus.

Des chiens errants cherchaient leur pâture, des lumières brillaient dans le quartier des almées ; nous étions dans la plaine de Thèbes qui semblait couverte d'un linceul, et un air vif nous engourdissait les mains et nous fouettait le visage. Mes yeux plongeaient dans le lointain pour découvrir les ruines, je croyais voir se dessiner une forme, mais un pli de terrain la faisait disparaître et ces ruines tant cherchées semblaient fuir devant nous.

La lune disparut dans l'infini, le ciel perdit sa teinte argentée, indécise et reprit un vif azur; nous rencontrâmes un groupe de palmiers baumes; une troupe de chacals s'enfuirent à notre approche, et après quelques centaines de pas, une masse noire se détacha sur l'azur du ciel. Je m'arrête, mon cœur battait, c'était Karnac, la merveille de Thèbes. Je hâtai le pas et trouvai un terrain bouleversé, des murs à fleur de terre : les ruines commençaient ; j'avançai silencieusement, heurtant à chaque pas une pierre.

Il était grand jour; je distinguais Karnac, mais vaguement; les ruines s'éclairaient, prenant peu à peu la teinte dorée qu'elles doivent aux siècles écoulés.

A leur vue, on est saisi par une admiration continue, on est haletant comme si l'on avait fourni une course rapide. Quelle grandeur, quelle majesté, quelle puissance ! Ce n'est pas l'art qui vous subjugue au premier abord, mais la force cyclopéenne du temple des Pharaons. C'est bien l'œuvre de ces rois qui ne connaissaient pour frontières que leurs caprices, et dont presque tous les peuples connus étaient tributaires ; c'est la grandeur, toujours la grandeur qu'on voit partout ; ces murailles, ces colonnes, ces obélisques, ces statues et ces portes triomphales sont faites pour des géants.

Sur de gigantesques pylônes je vois ces rois terribles, toujours menaçants ; quoique mutilés par cent invasions diverses, ils ne peuvent, semble-t-il, se dessaisir de leur antique pouvoir ni se dépouiller de leur majesté tant de fois séculaire.

Cette pensée est étrange, elle s'empare de mon être et j'en viens à me demander naïvement si ces monarques ne vont pas descendre de leurs sièges de Titans pour punir les peuples nouveaux, les pygmées qui viennent, au nom de la civilisation et des arts, chercher un débris de tant de splendeurs, violer un tombeau sacré, toucher d'une main profane la momie de ces belles princesses qui partageaient leur trône et qui faisaient le charme et la joie de leurs palais.

Nous continuons notre excursion; les Pharaons sont insensibles à notre profanation; les siècles les ont endormis; nous pouvons fouiller en toute sécurité leurs palais et leurs temples déserts ; il ne reste de ces vieux rois que leur image dont nous voyons un colossal échantillon. Poursuivons sans crainte nos investigations, si la bonne fortune nous fait trouver de vieux débris, nous en ferons un ornement de notre demeure.

Étrange vicissitude des choses ! autrefois les Pharaons eussent armé cent peuples et fait couler des torrents de sang pour une seule profanation de leurs palais ou de leurs tombeaux; aujourd'hui ces momies sacrées ornent nos musées et nos maisons.

Voyez cette main, elle a porté le sceptre, et cette tête dont les yeux voyaient le monde pour domaine, toutes ces reliques sont exposées aux regards de tous, comme si Dieu voulait nous montrer que la puissance de l'homme n'est que néant, et que l'éternité réside en lui seul.

Cette terre des Pharaons était ensevelie dans l'oubli; de rares lettrés en connaissaient seuls quelques détails; nos Livres sacrés mentionnent ici ou là un trait qui se rapporte au peuple de Dieu; nos enfants en apprenant à connaître Joseph, Moïse, savaient que des rois appelés Pharaons opprimaient les Israélites. Voilà ce qu'on connaissait de l'histoire de ces grands rois ; mais enfin un jour, Napoléon foula la terre d'Égypte : alors l'histoire de cette vieille monarchie surgit aux yeux de tous, et maintenant elle nous étonne de ses merveilles.

Nous entrâmes dans le temple de Karnak à la lueur du flambeau des savants, et toutes les ténèbres des signes mystérieux furent dissipées pour nous.

V

La ville de Thèbes était assise sur les deux rives du Nil ; au loin les montagnes formaient un vaste cirque. Cette plaine était d'une extrême fertilité, ce qui ajoutait à la magnificence de la ville et à la beauté des palais, car les arbres, les plantes rares, les fleurs, sont l'ornement naturel des œuvres de l'homme ; l'eau ruisselait de toutes parts dans la ville, comme aujourd'hui à Damas, et l'eau, sous le ciel d'Égypte, produit des merveilles. Aussi on l'avait amenée de très loin pour qu'elle pût jaillir dans les fontaines publiques. Qu'eût été cette ville immense, sous un soleil de feu, sans cette profusion d'eau?

On ne connaît guère l'origine de Thèbes, qui remonte aux temps les plus reculés ; deux mille neuf cents ans avant Jésus-Christ, elle était déjà une grande et belle ville ; comme toutes les grandes cités, elle eut des phases de prospérité et de revers.

Thèbes devint indépendante de Memphis sous les Pharaons de la XIe et de la XIIe dynastie ; ceux de la XIIIe en firent leur capitale, qui bientôt exerça une suprématie incontestée sur toute l'Égypte et laissa Memphis au second rang ; mais la politique des Pharaons donna presque toujours comme gouverneur à l'ancienne capitale ou l'héritier présomptif de la couronne, ou un grand général dont le nom imposait à cette ville découronnée.

Thèbes garda son titre de métropole pendant près de deux mille ans, et ne se le vit enlever qu'après d'épouvantables malheurs ; elle avait déjà perdu sa prédominance lorsque Cambyse la ravagea en 527 avant l'ère chrétienne. Ce furent des montagnes de trésors accumulés depuis des siècles que le conquérant trouva dans les palais et les temples.

Thèbes eut encore des jours de prospérité relative, mais elle n'était plus la ville incomparable, et ne fit que relever une partie de ses ruines et réparer ses mutilations.

Ce devait être un roi égyptien qui devait lui porter le coup fatal, et, comme toujours, la guerre civile fut plus néfaste à la ville célèbre que toutes les invasions des autres peuples. Le féroce Ptolémée Soter, qui avait chassé son frère Alexandre du trône d'Égypte, accourut avec une horde de rebelles mettre le siège devant la ville fidèle en 82 avant Jésus-Christ ; après un long siège il s'en empara et la livra à feu et à sang.

Thèbes, chantée par Homère, n'était plus qu'un monceau de ruines qui devaient faire dans les siècles futurs l'admiration des touristes et des érudits.

Le fameux temple de Karnac, merveille de Thèbes, fut l'œuvre de plusieurs souverains ; commencé par Ousertésen de la XIIe dynastie, en 2800, ce temple fut un des grands sanctuaires de l'Égypte ; on y affluait de toute part, et tous les Pharaons se faisaient un honneur de l'embellir ou d'ajouter des constructions nouvelles ; il était dédié à Ammon-Ra, dieu protecteur de l'Égypte.

Thèbes a été la cité la plus riche et la plus belle du monde ; ses temples étaient non seulement magnifiques, mais remplis de trésors ; ses autres monuments ne le cédaient en rien aux temples; les palais étaient d'une richesse, d'un faste inouï ; les maisons des riches particuliers s'élevaient jusqu'à quatre et cinq étages (Strabon), les autres étaient construites en bois et peu élevées. Rien n'égalait la beauté de ses statues colossales en granit rose et noir, en bois précieux, en or et en argent, en ivoire incrusté d'or et de pierres précieuses ; les richesses du monde servaient à embellir et les villes et les temples. Ses obélisques étaient des merveilles, il y en avait d'une remarquable beauté entièrement dorés; l'aiguille était garantie par un chapiteau d'or qui étincelait au soleil.

Nous ne parlons pas des palais des princes et des grands dignitaires, qui se surpassaient les uns les autres par une noble émulation ; ceux-ci, étant gouverneurs d'une province ou vice-rois d'un royaume, embellissaient leurs demeures de toutes les richesses de leur gouvernement. Le luxe des riches marchands ne le cédait en rien à celui des princes et souvent il le surpassait : ils imitaient en cela les Phéniciens.

Thèbes faisait un grand commerce avec tous les peuples qui s'empressaient d'avoir des relations amicales, afin d'être protégés ou d'éviter une guerre.

La ville des morts et celle des vivants rivalisaient de faste, ce qui faisait des grandes villes un tout merveilleux.

L'empire pharaonique avait reculé ses frontières jusqu'aux confins de l'extrême Orient. Les revenus de l'État étaient fabuleux, il entretenait une armée régulière d'un million d'hommes et un matériel pour le double ; les flottes s'étaient mises en rapport avec cette puissance territoriale, afin de rivaliser sur terre et sur mer, et dans certaines parties de l'Égypte il y avait de vastes camps retranchés, où étaient accumulés du matériel de guerre et les animaux de combat, tels que les éléphants, les chevaux, les bêtes de somme, les chameaux, les mulets, les ânes.

Il ne faut pas oublier que dans la plupart des campagnes on avait à traverser d'immenses solitudes, et l'armée devant tout porter avec elle, on se figure le matériel considérable d'une grande armée, qui était toujours accompagnée des engins de siège.

Pendant une longue suite de siècles, la puissance égyptienne fut irrésistible et ne succomba que par des guerres civiles, qui secondaient les invasions.

L'Égypte proprement dite n'était que le jardin d'un vaste empire ; couverte de villes somptueuses, elle faisait à ses habitants une vie facile et luxueuse ; aussi beaucoup de familles royales de peuples vaincus s'allièrent franchement aux Pharaons par des mariages, qui maintinrent longtemps ces types si beaux et si parfaits que nous voyons représentés sur les tableaux.

Si l'on voit dans Thèbes de si colossales constructions et tant d'art déployé, il ne faut pas oublier que les artistes, même des points les plus reculés de la terre, étaient attirés par la réputation universelle de la ville fameuse et apportaient aux Pharaons le concours de leur science et de leur talent.

VI

En examinant le musée de Boulak, on aura une idée de l'art égyptien appliqué aux choses usuelles.

Le temple de Karnac était le plus grand et le plus somptueux de Thèbes et de toute l'Égypte, et comme nous l'avons dit, c'était un des sanctuaires les plus en vénération dans l'Égypte. Le palais-temple était édifié sur un emplacement uni, qui avait une très légère inclination vers le Nil.

Outre plusieurs petites entrées, Karnac en avait deux

monumentales, dont une à plusieurs pylônes gigantesques, du côté de Louksor; on y arrivait par ces longues allées des sphinx, qui étaient les gardes symboliques des temples et des palais pharaoniques. Cette avenue merveilleuse donnait sur la façade principale du grand temple où existe une croisée à compartiments de pierres dures.

La seconde entrée partait d'un pont du Nil, et une longue allée, ornée des mêmes statues symboliques de différentes formes, conduisait vers la vaste enceinte, où l'on entrait dans une immense cour entourée de magnifiques portiques.

C'est par ce côté-ci que je suis entré la première fois à Karnac. Quelle fut mon impression! Le jour naissant augmentait la grandeur des murailles cyclopéennes, et les deux colosses de granit rose qui gardaient l'entrée semblaient grandir aussi. Je m'avançais à pas comptés, entre deux hautes murailles, me haussant pour mieux voir. Mon cœur battait, j'étais fier de pénétrer seul dans ces ruines habitées par les chacals, les serpents, quelquefois par les bêtes sauvages, et toujours par quantité d'oiseaux de proie.

J'aperçus les colonnes de la salle hypostyle, et tout au fond de cette forêt de pierres, un coin du ciel bleu; alors je pressai le pas et me trouvai au milieu du temple fameux où existent encore cent trente-quatre colonnes de colossale dimension.

Mes yeux fouillent avec crainte ce dédale mystérieux, qu'il faut voir pour comprendre. La vaste salle, telle que nous la voyons aujourd'hui, mesure 306 pieds de longueur, sur 159 pied de large; toutes ces colonnes, les chapiteaux compris, sont des pages vivantes où est écrite la gloire des Pharaons ; malgré l'acharnement des invasions successives, ces murs seraient encore debout et ils n'auraient subi que de légères atteintes sans un violent tremblement de terre, qui eut lieu, dit Eusèbe, l'année 17 avant Jésus-Christ, et qui ébranla le sol de toute l'Égypte : il semble que Dieu le Père ait voulu, avant la venue de son Fils bien-aimé, renverser les temples somptueux élevés aux idoles.

Cette forêt de colonnes, dont quelques-unes sont penchées depuis lors, supportait autrefois une vaste salle où les Pharaons tenaient de grandes assises à certaines solennités ou à leur avènement au trône, quand ils étaient empêchés de se rendre au Labyrinthe. Cette immense salle prenait jour vers l'orient, afin que le soleil aux jours des cérémonies vînt tomber au pied du trône du Pharaon : tout était fait dans ce temple et ce palais pour frapper l'imagination de la foule superstitieuse, et les cérémonies religieuses et publiques tendaient à ce but.

Ce temple était, jusqu'aux plus petits détails, d'une ordonnance parfaite ; les grands architectes qui l'avaient édifié n'avaient rien fait qui pût être défectueux; les proportions étaient si bien observées que les hiéroglyphes sculptés sur le haut des colonnes paraissaient de la même grandeur que ceux du bas. Avant de visiter les ruines, je les connaissais par les meilleurs auteurs ; aussi à leur vue, les ruines disparurent et, pendant quelques instants, je ne vis que le palais dans toute sa splendeur.

De la splendide cour des Caryatides qui précédait les appartements particuliers de Toutmès III, il ne reste qu'un rang de caryatides et deux magnifiques obélisques.

Il est impossible au lecteur, même avec un plan, de se faire une idée exacte des ruines de Karnac, il faut les avoir vues et étudiées plusieurs jours pour pouvoir les rebâtir dans l'imagination : c'est ce que j'ai pris grand soin de faire; il n'y a pas un monticule, même le plus élevé, que je n'aie escaladé, et souvent avec danger.

Le dernier jour, après avoir gravi un monceau de ruines, non loin du sanctuaire de granit, je trouvai une chambre dont je n'ai vu nulle part la description ; c'était, selon toute apparence, une chambre à coucher du palais de Toutmès III; elle offrait à mes yeux une scène intime. Une princesse y était représentée quatre fois.

La première figure était celle de la reine en grande parure, avec le diadème et tout l'apparat de la royauté.

Dans le deuxième portrait on voyait la même princesse avec un costume de divinité; on ne peut rien imaginer de plus riche et de plus imposant. Elle avait la tête ornée du serpent symbolique.

La troisième image laissait voir la reine moins chargée d'ornements; on pouvait admirer chez elle la beauté des formes les plus pures et les plus accomplies.

Enfin dans le dernier tableau, une gaze d'un tissu merveilleux enveloppait le corps de cette femme sans le voiler : c'était un ensemble harmonieux, une pose des plus heureuses, un enchantement qui éblouissait l'œil et remplissait l'esprit d'un plaisir tout artistique. Impossible de rêver un plus gracieux idéal. La chevelure blonde, abandonnée à ses ondes opulentes, était légèrement retenue par des perles; la reine s'avançait souriante, plus semblable à une déesse que tout à l'heure.

Je restais à contempler ce délicieux spectacle; il me semblait entendre cette voix musicale murmurant les mots de sa tendresse au royal époux dont elle était l'idole.

Et pendant ces moments, la brise chantait à mon oreille de suaves mélodies.

Toutefois je ne tardai pas à comprendre que je n'étais pas là pour évoquer les souvenirs d'une jeunesse ardente et passionnée. Je n'avais devant moi qu'un tableau d'une grâce infinie, sans doute, mais dont la réalité s'est évanouie depuis tant de siècles!

Les méditations sur cette antique civilisation, les droits de l'histoire et de la science reprenaient le dessus. Je m'arrachai à ce sanctuaire que seule l'imagination me représentait comme celui de l'amour.

Tout à côté était un large lit en pierre de 12 pieds carrés avec quatre marches, haut d'un mètre, couronné d'un demi-cintre et couvert de peinture ; c'était sans nul doute un lit de repos, et ce qui me confirme dans ce jugement, c'est qu'à Pompéi on en voit de semblables dans les palais et dans certains quartiers. Près de la chambre est un couloir, sur la paroi duquel est le dieu de la fécondité. Deux princesses à genoux le suppliaient avec ferveur.

Au sortir de cet amoncellement de ruines, nous nous trouvâmes dans la chambre la plus reculée du palais, précédée d'un corridor étroit, au milieu duquel s'ouvraient deux portes, à droite et à gauche, conduisant à une suite de séparations ; c'étaient, sans aucun doute, des chambres de serviteurs. J'ai retrouvé aussi les conduits en plomb qui distribuaient l'eau dans les appartements.

Tout confirme ici le jugement que nous avons porté à Médinet-Abou sur les demeures royales presque identifiées avec le temple. Le monde tourne dans le cercle invariable des civilisations que les temps et les lieux renouvellent et respectent toujours. Les révolutions, qui engendrent la barbarie, font la nuit quelquefois pendant de longs siècles, mais ensuite tout reprend son immuable niveau, comme les eaux d'un fleuve qui se perdent et puis se retrouvent après un long trajet souterrain.

Que voyons-nous aujourd'hui encore, avons-nous déjà dit, quelles sont ces demeures adossées aux églises? ce ne sont plus les rois dont le palais s'identifiait avec le temple, mais c'est l'homme qui personnifie l'autorité la plus haute dans notre monde sceptique, c'est le prêtre qui vit ainsi plus près de Dieu et sous son regard protecteur : c'est donc une image de l'antique civilisation. — La nôtre est-elle en progrès?

VII

J'étais seul, assis sur une montagne de ruines et méditant sur ce thème austère. Je fus tiré de mes pensées par un bruit de voix confuses qui remplissaient les ruines, puis par une décharge de carabines ; tout à coup ma retraite fut envahie par une bande de chacals; je fis feu à mon tour des sept coups de mon revolver. Ai-je fait preuve d'adresse? je l'ignore, mais j'ai vu les chacals faire des bonds prodigieux, affolés de terreur et poussent les cris rauques; quelques-uns, sur le sommet des ruines, hésitèrent un instant et disparurent; je quittai ma retraite et revins par un autre passage, que les chacals, dans leur fuite, me firent découvrir.

Les touristes, me voyant sortir d'un repaire de bêtes fauves, me saluèrent par des hourrah. Mon ami belge vint à moi et nous commençâmes classiquement la visite des ruines avec le plan de l'excellent *Guide* Isambert. Le malheur avait frappé mon ami dans ses plus chères affections ; la science, au front rigide, lui souriait pour dissiper sa douleur et lui ouvrait le livre des merveilles des vieux âges pour adoucir ses regrets.

Nous restâmes la journée entière dans les ruines de Karnac. Mon ami avait comme moi un plan exact avec quelques notes historiques ; notre travail, tout préparé d'avance, s'achevait rapidement; après une vue d'ensemble, nous nous occupâmes des détails ; pendant plusieurs jours, aidés d'Arabes qui avaient travaillé aux fouilles, nous ne laissames pas un coin inexploré; partout où l'escalade était possible, en rampant sur les éboulements, nous complétâmes nos fouilles et nos investigations.

Tous mes compagnons de voyage avaient depuis longtemps quitté les ruines, je restais sur le pylône que les Arabes escaladent pour quelques piastres. J'étais dans une contemplation muette, songeant à tant de scènes émouvantes, à tant de joies, de fêtes ou de crimes, qu'avaient vus et cachés ces murailles inertes, réveillées quelquefois par la pioche du chercheur, troublées seulement par les pas du touriste ou par les cris nocturnes des bêtes fauves et des oiseaux de proie ; mes yeux fouillaient dans l'obscurité des hautes murailles et dans la salle hypostyle comme si l'ombre d'un pharaon pouvait tout à coup m'apparaître. Je ne vis que des Arabes aux robes blanches circuler dans les cours désertes, attendant l'heure des fouilles nocturnes, ou bien le bagchich que devait augmenter le touriste resté seul sur le sommet du pylône.

Mes regards erraient dans la vaste plaine : partout des ruines et encore des ruines, çà et là des palmiers solitaires, quelques misérables villages, des fellahs rentrant à la cabane de boue et de roseaux, des chiens errants à la recherche d'une pâture bientôt disputée par les chacals, des Turcs gravement assis sur leurs ânes et fumant la chibouque; puis les bandes d'oiseaux volant par masses compactes comme pour me chasser de mon poste aérien.

Cependant me voyant inoffensif, ces derniers se familiarisaient avec ma présence et volaient autour de moi en me chantant l'hymne du soir. Sur les bords du lac sacré, les huppes gracieuses sautaient en se désaltérant; les hirondelles rasaient les eaux, s'élevaient et faisaient mille circuits autour du miroir tremblant, comme pour y laisser quelques traits de leur fugitive image.

Le soleil se couchait, les palmiers se détachaient sur un fond splendide ; Louksor semblait dévoré par un incendie; le Nil roulait des flots étincelants et faisait des circuits dans la plaine comme un long serpent de feu ; puis, la féerie disparut tout à coup. Karnac s'emplissait d'ombre; j'entendis les miaulements sauvages des chacals, qui sortaient des décombres par bandes nombreuses et erraient dans la plaine à la recherche des bêtes de somme que l'impitoyable soleil aurait tuées. A ce concert infernal se joignirent les cris aigus des oiseaux nocturnes qui hantaient les ruines et les glapissements rauques et saccadés de l'hyène pressée par la faim et cachée encore dans les souterrains où elle cherche les cadavres.

Je descendis du pylône avec de grandes précautions ; j'avais commis une imprudence qui heureusement ne me fut pas fatale: avec mes prétentions de gymnaste européen, j'étais humilié que les Arabes pussent seuls l'escalader. Je traversai le sombre couloir qui conduit à la salle hypostyle, à laquelle je revenais toujours; j'aimais les jeux de la douce lumière de la lnne au travers de l'immense colonnade ; les Pharaons, gardiens jaloux de leurs trésors, semblaient se détacher des piliers massifs pour châtier le profanateur. Mais leurs yeux farouches, les menaces des sombres caryatides dont la tête grimaçante paraissait seule en pleine lumière, ne m'intimidaient plus.

Au fond du temple, une colonne penchée, fatiguée de porter le poids de tant de siècles, laissait passer un large rayon de lumière sur l'ombre de la paroi. Bientôt je crus voir surgir une belle et attrayante image, ce n'était pas une déesse farouche ; elle me souriait ; ses yeux jetaient un doux éclat ; insensiblement je la voyais se détacher de la muraille comme pour s'avancer vers moi. Subjugué par l'illusion, je reculai sans quitter des yeux cette ravissante vision ; je me heurtai à une colonne ; qu'importe ! je regardais et reculais toujours et finis par m'éloigner sans cesser d'être sous le charme de cette illusion.

L'ombre que projetaient les colonnes m'impressionnait; je gagnai la pleine lumière, je m'approchai des grands obélisques qui, comme des miroirs, renvoyaient et multipliaient les rayons argentés. Tout était lumière dans cette partie des ruines.

Je m'assis. J'entendis une voix dans le lointain, c'était le crieur public de la petite mosquée qui annonçait l'heure solennelle de minuit, où Mahomet avait été sacré prophète.

Fatigué de tant d'heures d'admiration, je sentais ma tête vaciller; mes yeux commençaient à se fermer. Tout à coup j'entendis vaguement un autre bruit qui ne tarda pas à cesser; puis le sable se mit tout près de moi à craquer sous des pas discrets.

Je me levai précipitamment et me dissimulai à l'ombre de l'obélisque; je vis un homme de haute stature; sa robe blanche devenait plus éclatante aux rayons de la lune; il était à quelques pas suivi par une bande armée. Je m'enfonçai dans l'ombre épaisse et me retournai, j'avais un Arabe derrière moi; je ne fis alors qu'un bond vers la pleine lumière et me trouvai en face de sept hommes chargés de toutes sortes d'armes qui auraient fait une bonne figure dans mes panoplies.

Je ne proférai pas un mot, mais, saisissant mes deux revolvers, je les armai en un clin d'œil; les Arabes se cachèrent aussitôt derrière leur chef. Celui-ci me dit en mauvais français:

« Je suis venu pour te garder des voleurs. »

Et il se mit à énumérer les bagchichs destinés à chacun de ses hommes. Quant à lui, naturellement il s'administrait la meilleure part.

Je sonnai de la corne de chasse que je portais avec moi; mon petit guide accourut avec mon âne, persuadé que je voulais partir. Je dis à l'Arabe que j'acceptais sa garde. Ces hommes n'étaient dans le fait que des chercheurs d'antiquité et croyaient que je venais faire des fouilles; je les fis asseoir, leur distribuai des provisions et leur donnai une bouteille de rhum qu'ils burent jusqu'à la dernière goutte.

Une heure après, tous mes gardes réveillaient l'écho du temple par de formidables ronflements, et avec quelques précautions, nous pûmes nous éloigner. Lorsque j'eus enfourché mon âne, je déchargeai mon révolver en l'air; j'entendis pousser des cris affreux; mon petit guide se tordait de rire, et je ne fis qu'un galop jusqu'à notre vapeur, où j'arrivai à 2 heures du matin.

VIII

Le salon du bateau était encore éclairé, et de nombreux convives étaient autour de la table; le champagne pétillait dans les verres des gentlemen; on fêtait le consul anglais, sujet du khédive. A mon arrivée, on s'empressa autour de moi pour me faire participer à la fête.

Un jeune homme me dit un mot à l'oreille, et je sus que le consul n'avait jamais assez du champagne offert; il en fit venir que naturellement il ne paya pas; ce fut alors que les jeunes gentlemen offrirent du cognac, qu'il but dans son verre à champagne, et, vers le matin quatre matelots le portèrent sur ses tapis où il ne se réveilla qu'à deux heures de l'après-midi.

Nous ne saurions trop mettre en garde les voyageurs contre certains consuls *arabes* qui représentent une nation européenne ; ils font tous les *métiers*, on doit être avec eux d'une extrême réserve et surtout ne pas leur recommander des jeunes gens. Ils offrent à ceux-ci des fêtes nocturnes qui ne sont qu'une excitation à la débauche, et pour toutes raisons on doit les éviter, attendu qu'ils ne peuvent rendre aucun service ; l'essentiel pour un voyageur est d'avoir un drogman expérimenté.

Je ne dormis que quelques heures, tant j'avais hâte de revoir Thèbes et d'étudier ces grands tableaux gravés sur les parois, les colonnes, les obélisques et les pylônes.

Lorsque je quittai le bateau, le soleil était dans tout son éclat, et le village en mouvement ; le consul offrait une fête dans l'après-midi aux Anglais, aux Allemands et aux Belges ; aux mets nationaux devait être réunie l'apparition des plus célèbres almées de la contrée. Ce repas fut présidé par le frère du consul élevé à Paris ; et lorsqu'il crut ses invités suffisamment émus et séduits par les charmes de la musique et de la danse des almées, il ouvrit la boîte de Pandore qui consistait en antiquités d'un prix fabuleux ; le consul voulait gagner le déboursé de la fête ; il mit dans ses offres une telle instance que ces messieurs, gentlemen accomplis, payèrent princièrement cette fête, jurant mais un peu tard qu'ils n'accepteraient jamais plus une politesse d'un aussi vilain personnage. Au retour il poursuivit encore ces messieurs d'une façon si désobligeante qu'on fut forcé de lui dire que s'il ne se retirait pas du bateau, on ferait une plainte au consul général d'Alexandrie.

Je traversai donc le village de Louksor, qui était tout en émoi pour la fête du soir. Lorsque les gamins et les Arabes me virent monter sur un baudet richement caparaçonné, suivi d'un petit guide et de mon drogman en grand costume, ils poussèrent des hourrahs et me barrèrent le passage pour me forcer à leur donner des bagchichs; je jetai au loin une poignée de parats dont j'avais fait provision, précaution indispensable en Égypte ; mais comme ils revenaient sans cesse à la charge, mon drogman les dispersa à coups de cravache.

Les femmes en chemises bleues encombraient les rues du village, traînant leurs enfants à leur suite. Les mouches bourdonnaient autour de cette foule en haillons et dévoraient les yeux des petits enfants, sans que leurs mères indolentes cherchassent à les garantir.

Pour éviter cette multitude je pris, à droite, une rue qui me parut déserte. Antonio, mon drogman, se mit à rire aux éclats et à lever les bras en l'air ; j'allais, paraît-il, avoir une surprise; elle ne se fit pas attendre; j'entendis une musique, je vis une foule en grand costume avec oripeaux éclatants; j'étais en plein quartier d'almées, lesquelles répétaient au milieu du chemin les danses qui devaient réjouir les nobles étrangers.

Une espèce de pierrot, la tête chargée de petits grelots, se disloquait sur la poussière du chemin ; il vint passer, à quatre pattes, sous mon âne, tourner avec une agilité extraordinaire autour de chaque jambe de mon baudet et sauter en croupe avec mon drogman, qui, d'un coup de cravache dans le dos, le fit rouler dans la poussière ; il se releva, salua celui qui l'avait frappé, fit vingt fois la roue autour de ma monture et me tendit enfin son chapeau.

Pour me débarrasser de cet immonde coquin, je lui jetai quelques parats avec tant de force que son chapeau roula à terre, aux applaudissements des almées qui firent une ronde infernale autour de mon âne ; je levai ma cravache, une d'elles me l'arracha, l'embrassa et me la rendit : le maléfice était fait, et la ronde recommença ; elles agitaient la tête en cadence et faisaient sonner les sequins d'or sur leur sein nu. Il me tardait de voir finir cette danse macabre : je tirai ostensiblement mon porte-monnaie, je pris des pièces blanches ; la ronde s'arrêta, les mains se tendirent ; je jetai la monnaie blanche qui dispersa cette ignoble cohue ; puis j'enfonçai une épingle dans la croupe de ma monture, et me voilà parti, délivré d'une des dix plaies d'Égypte.

IX

Je revoyais les ruines, comme sortant d'une fournaise ; je hâtai le pas, tant j'avais le désir de revoir Karnac ; il me semblait voir grandir ses décombres gigantesques ; ma pensée s'élevait jusque vers la première civilisation du monde. Je cherchai à définir cette religion des Pharaons avec cet amalgame de tant de dieux, et d'un autre côté avec la croyance secrète à un Dieu unique, ayant toujours existé, d'une essence invisible [1]; les grands prêtres gardaient pour eux seuls la croyance supérieure, et ne laissaient entrevoir aux peuples que certains attributs de la divinité.

Rome, qui fut plus tard la reine incontestée du monde païen, même aux plus beaux jours de sa gloire, n'atteignit jamais à la grandeur de Thèbes ; la capitale de l'Égypte ne sut pas, pendant une longue suite de siècles, ce qu'était une révolution. C'est là le secret de sa durée : les révolutions ne sont que l'ivresse des peuples, et l'ivresse n'a jamais produit que l'abrutissement de l'esprit. Les Pharaons régnaient en maîtres, ils n'avaient à craindre que les ennemis du dehors : de là toute leur force. Quand des dynasties durent non des siècles, mais des mille ans, on comprend qu'elles puissent élever des monuments comme à Karnac et d'autres sanctuaires aussi grandioses et aussi riches.

L'orgueil de l'homme est toujours puni quand il rapporte tout à soi ; les Pharaons, comme l'enfant dont parle saint Augustin qui veut épuiser l'eau de la mer avec une coquille, avaient creusé ces hypogées, afin de cacher leurs

[1] Les Égyptiens croyaient à un Dieu unique; tous les autres dieux ne sont inventés que pour définir les qualités du Dieu unique et créateur de toute chose. (JAMBLIQUE.)

cendres pour toute l'éternité. Ils cherchaient l'éternité dans la matière; ils ignoraient qu'elle n'est pas de ce monde et ne réside qu'en Dieu.

Si l'orgueil n'avait pas étouffé tout autre sentiment, ces grands rois, presque toujours savants, comme les scribes et les prêtres, auraient senti ce qu'éprouve tout homme, ce flambeau mystérieux de la pensée, qui éclaire nos ténèbres, cet indéfinissable mobile de toutes nos actions, cette essence impalpable qui est le souffle de Dieu sur la matière et qui nous fait hommes ! Mais non, l'idée politique, qui les faisait se grandir eux-mêmes, les a égarés, ils se sont crus naïvement des dieux. C'est bien ce fatal orgueil qui naît avec nous tous ; pour l'abattre il fallait des leçons vraiment divines; seule l'humilité chrétienne peut quelque chose contre lui; mais l'âme des païens ne pouvait être accessible à cette vertu, le propre du christianisme, tandis que l'orgueil était une des gloires du paganisme.

Après une journée de travail et de contemplation, je quitai Thèbes bien résolu de revoir Karnac au retour.

En m'éloignant je me retournais sans cesse; je ne pouvais me décider à quitter ces merveilles des vieux âges où mon imagination me révélait tant de grandeurs ! Elles disparurent enfin à mes yeux et je regagnai le bateau avec un regret comme si une part de mon cœur fût restée parmi les ruines.

X

Le lendemain nous levons l'ancre de bonne heure. Tout a un air de fête : le matin est radieux ; les oiseaux s'ébattent joyeux dans la verdure et les arbres ; le Nil roule des flots éblouissants et nous voguons doucement entre ses rives dont le spectacle est vraiment magique.

A chaque instant surgissaient entre les palmiers des villages qui, par le contraste et à cause de la fraîcheur matinale, nous semblaient bien plus beaux que d'habitude. D'autres ruines s'offrent à nous de temps en temps comme pour nous faire oublier celles de la grande cité.

Le vapeur s'arrête ; une multitudede fellahs, d'enfants nus, sont sur la haute rive et attendent les bagchichs ; comme étrennes, ils reçoivent des matelots une rude distribution de coups ; il fallait se frayer un passage au milieu de cette cohue insipide qui venait mendier un parat, tandis que l'or se trouve dans chaque sillon de l'Égypte.

Esnéh, que nous allons visiter, est assez éloignée de la rive ; c'est une petite ville commerçante ; on y fait de la soie, du coton, des châles réputés dans toute l'Égypte, de belles poteries qui ne manquent pas d'un certain cachet artistique. Les Coptes ont le monopole de la place, ils sont les plus actifs, et malgré le mélange de sang arabe, ils ont encore conservé une partie de l'énergie des races égyptiennes ; aussi ce sont les plus riches.

Esnéh est la vraie patrie des almées ; elle est, par suite, d'une moralité tout orientale. Celles-ci sont formées bien jeunes à cette danse disloquée qui ne s'acquiert qu'après un long exercice. La danse des almées remonte à la plus haute antiquité. Nous en avons vu représentées sur différents monuments. La danse actuelle se complique de celles des Égyptiens, des Arabes et des Grecs.

Esnéh ressemble à toutes les villes d'Orient : au centre se trouve une vaste place fermée par un grand portail ; c'est le lieu de réunion des gens d'affaires, la place aux nouvelles ; les édifices qui l'entourent sont en briques de différentes couleurs ; ce qui en fait le principal ornement, c'est un beau minaret.

Nous y avons vu rendre un jugement ; il s'agissait d'une jeune femme suivie de son mari, de ses parents et de tout un quartier de la ville. La mise en scène, la plaidoirie, le jugement, l'agitation de la foule, le sérieux burlesque des juges nous mirent en gaieté.

L'accusée était fort belle et ne paraissait nullement intimidée ; elle nous regardait en riant, se moquait de ses juges et de son mari, et semblait avoir l'appui de la foule.

A la lecture du jugement, elle se tourna vers les touristes pour attester que tout était mensonge. C'était une Copte qu'un riche Arabe avait épousée pour une année, et qui ne voulait pas consentir à une autre union avec ce fils indigne du Prophète; or celui-ci voulait la garder pour toujours.

Les juges, gagnés d'avance, prononcèrent une sentence en faveur du mari, mais ils n'osèrent l'exécuter. La foule, sympathique à la jeune femme, poussa des cris frénétiques, fit des menaces et ramena triomphalement l'accusée au quartier copte; le mari suivait avec ses adhérents, et en passant dans les rues arabes il excita la population; à chaque angle de rue s'engagèrent des luttes que les juges ne purent empêcher; la victoire resta du côté des beaux yeux, et la jeune femme rejoignit la maison paternelle; le mari s'accroupit dans la poussière du chemin, pleurant de rage et essuyant le sang qui coulait de son nez; il fit des gestes menaçants, prit le ciel à témoin; mais la colère d'un homme vaincu par une jeune et belle femme n'est point dangereuse.

Le consu nous dit : « C'est un imbécile, qui n'est soutenu que par ceux qu'il a gagnés à prix d'argent ».

XI

A l'angle d'un quartier, toute la caravane se retourna pour aller visiter le temple objet de notre course; c'est le plus beau monument de l'ancienne ville, mais il est enfoui sous une montagne de décombres, et la salle principale seule est déblayée ; grand fut notre regret de ne pas le voir en entier. Il ne remonte pas à la plus haute antiquité égyptienne, mais aux Ptolémées ; commencé par eux, il fut achevé sous les Romains.

Ce n'est plus l'art égyptien dans sa beauté pure, il offre une profonde décadence et comme la naissance d'un autre art; les colonnes de la salle, élégantes, à fleurs de lotus, nous montrent l'art grec qui déjà impose ses lignes suaves et gracieuses; aussi ne nous arrêtons-nous que peu de temps ; la mystérieuse antiquité ne nous trouble pas comme dans les autres monuments; ce temple ayant été bâti presque par des mains étrangères et assez peu habiles, les hiéroglyphes qu'il renferme n'offrent plus les profonds mystères qui tenaient en haleine toute une légion de savants.

Il y a autour d'Esnéh une quantité de ruines de la ville ancienne, qui était Latopolis, mais ruines sans importance.

Nous allons ensuite visiter du côté du sud le fameux couvent copte où l'on massacra tant de chrétiens sous le règne de Dioclétien.

Depuis notre arrivée nous sommes assaillis par la politesse importune du préfet, gouverneur d'Esnéh ; en grand uniforme, acccompagné de cavaliers, il voulait nous conduire chez lui et puis se rendre au bateau, où il comptait sans doute être gratifié d'une réception, et lever un tribut de bagchichs. Mes compagnons eurent bientôt assez de la compagnie de ce personnage et ils se gardèrent bien de montrer leurs lettres de présentation.

On brûla la politesse à l'uniforme chamarré du préfet, qui fut tout désappointé, et nous reprîmes par bandes compactes le chemin des bazars, où cette fois un gros et aimable consul, qui parlait parfaitement le français, nous aida, en discutant lui-même les prix, à faire de très belles emplettes de poterie et d'autres objets.

Il y eut lutte entre les marchands, mais nulle part je ne les ai vus aussi affables et aussi modérés dans leurs prix. Nous passâmes plusieurs heures dans ces bazars qui sont très bien fournis par les grandes caravanes du Sennaar.

En traversant les rues de la ville nous fûmes poursuivis par une populace ignoble qui hurlait bagchichs. Soudain elle se tut et se rangea contre la muraille. Nous aperçûmes alors un saint derviche qui se rendait à la mosquée, les yeux baissés et monologuant une prière. De haute taille, coiffé d'un turban vert comme les descendants de Mahomet, il avait dans sa main droite un long bâton et sur son bras gauche un manteau en loques de différentes couleurs, c'était tout son vêtement. Ce colosse était repoussant de saleté et ignoble à voir ; sa lèvre inférieure était pendante et recouvrait son menton; ses dents noires, ses yeux ternes enfoncés dans leur orbite. Il s'arrêta à notre passage, regarda un instant le ciel, comme pour appeler la malédiction sur nous, qui foulions la terre sainte. Il reprit sa marche, et les femmes arabes s'inclinèrent à son passage.

Dans la campagne nous devions rencontrer encore une

légion d'enfants tout nus; les jeunes filles, se fiant à leur sexe, nous barrèrent le passage, avec un cynisme sans pareil. Je n'ai jamais vu plus hideux spectacle que cette impure mendicité tolérée, établie, et à grande échelle.

Ce fut avec un vrai bonheur que nous regagnâmes notre bateau, qui leva l'ancre de suite. Mais nos Californiens sont de nouveau là, jetant des oranges et des parats ; les femmes arabes entrent dans la vase et tendent une robe en lambeaux, leur seul vêtement, pour recevoir le bagchich ; ce fut un vacarme assourdissant, un spectacle écœurant de voir, pendant la dernière manœuvre, cette foule grouiller dans la vase et sur les rives élevées du Nil. Enfin l'ancre est levée, le sifflet retentit, le vapeur quitte la rive et prend une marche accélérée.

Nous sommes dans une des plus fertiles parties de l'Égypte, les palmiers, tous les arbres sont des plus vigoureux, mais la hauteur des rives rend l'arrosage difficile ; elles sont monotones, quoique fertiles et ne sont un peu égayées que par une quantité d'oiseaux de toute espèce ; aussi les gentlemen du bateau tirent sans cesse. Nous rencontrons une flottille de dabhies, dont plusieurs sous pavillon anglais et un avec nos chères couleurs de France ; ce fut mon ami belge qui le premier salua celui-ci et j'élevai moi-même à la hâte mon chapeau.

Inutile d'ajouter quelles pensées vinrent assaillir alors mon esprit. « Oui, c'est vers toi, ma patrie chérie, que s'envolèrent ma pensée et mon cœur, et ta grandeur passée et tes malheurs récents passèrent tour à tour devant mes yeux attristés. Quels vœux ardents ne formai-je pas pour ta régénération et ta félicité! Redeviens chrétienne, m'écriai-je, et tu seras de nouveau grande et invincible. C'est l'esprit de Dieu qui arma cette pauvre fille des champs, Jeanne d'Arc, par qui fut chassé l'ennemi, et c'est parce que ce souffle divin t'avait abandonnée, chère France, que tu redevins la proie de fiers et cruels ennemis! »

Et aujourd'hui encore, dans ce temps de calamité, l'homme providentiel est Pie IX; il ne se sert point de l'épée, mais de la parole, plus puissante que des armées; aussi les ennemis de la société et de l'Église s'arrêtent tremblants sur le seuil de ce palais où le pontife a l'univers pour royaume spirituel.

L'obscurité couvrait déjà la terre; je me levai pour descendre au salon; soudain l'horizon s'éclaira d'une immense ligne orange d'un éclat éblouissant, laquelle fit un instant reculer la nuit; un arc-en-ciel parut au milieu de cet éclair.

La nuit était lumineuse; j'étais encore sur le pont; le Nil était bleu, il s'enfuyait au milieu de ses rives enchantées, portant la fertilité dans les plis de ses vagues ondulées. Nous fendions les flots pour atteindre encore de plus merveilleux horizons; et j'allai attendre dans ma cabine, avec une grande impatience le lever du rideau sur le spectacle que Dieu nous réservait le lendemain.

XII

Nous voici à Edfou. J'étais debout avant même que le soleil se fût levé; les étoiles tardives lutinaient encore les vagues et jouaient avec elles. Une gaze rose se développa d'un coin du ciel et couvrit les étoiles : ainsi une mère ferme le berceau de son enfant pour l'inviter au sommeil.

L'orient s'enflamma et les flammes dévorèrent l'azur du ciel; les bords du Nil étaient encore sombres, je gravis la rive qui fléchissait sous mes pas; tout le terrain était friable, je marchais avec difficulté au milieu des champs cultivés, guidé par les hauts pylônes d'Edfou.

Je me trouvai bientôt tout près d'un campement de fellahs, je dominais leur enceinte de roseaux; le feu jetait quelques lueurs vacillantes sur leurs visages bronzés ; les uns se chauffaient les mains, d'autres étaient couchés autour du foyer, enveloppés dans leurs manteaux de poil de chameau; quelques-uns fumaient leur chibouque.

Les vieilles femmes étaient déjà levées et donnaient la pâture aux buffles, aux moutons, aux ânes et aux chevaux; tous ces animaux étaient sous une claie de roseaux qui les garantissait de la fraîcheur de la nuit.

Les femmes et les enfants étaient dans un coin du campement, séparés par quelques branches et enfouis dans des feuilles sèches.

Les chameaux, à la vue du jour, s'étaient levés comme pour se préserver de la lourde charge qui les attendait, et ils donnaient des marques d'impatience pour franchir la claire-voie.

Je continuai mon chemin au milieu d'un champ de roseaux coupés, et marchai avec précaution pour ne pas trébucher à chaque pas : le bruit que je fis réveilla les chiens du campement qui se ruèrent sur moi; les fellahs sourirent et les excitèrent même sans en avoir l'air; ces chiens, d'un poil fauve, semblaient d'une rare férocité. Je me défendis avec ma cravache et tins les assaillants à distance, en ensanglantant les museaux de ces squelettes vivants.

Je ne fus d'abord en présence que des chiens du village voisin, mais deux autres chiens roux de grande taille, gardiens du campement, excités secrètement par les Arabes, franchirent la claire-voie et bondirent sur moi. J'étais adossé à un massif de gommiers; le premier fut reçu avec le manche de ma cravache, et le coup sur le museau fut si bien appliqué que le chien roula dans un ruisseau, où je le criblai de coups avant de le laisser relever ; l'autre se tint à distance.

Furieux de cette attaque, je saisis mon revolver ; à cette vue une vieille femme, que je n'avais pas encore aperçue, appela les chiens, qui battirent en retraite. Je fis un geste de menace à la colonie, dont le chef reçut dans la journée une sévère correction du drogman.

Je repris mon chemin à travers les champs, en suivant

les canaux d'irrigation. J'arrivai à un grand canal, sur lequel s'élevait une grossière noria, mise en mouvement par des buffles ; l'arbre de couche était un palmier, d'où un fellah assis poussait ses buffles en chantant. L'arbre reposait sur un bois dur et produisait, à s'y méprendre, le son d'une cornemuse ; le chant monotone du fellah s'unissait parfaitement au bruit de la machine en mouvement, et l'illusion aidant, j'eus comme une réminiscence des gorges des Alpes ; l'air frais du matin complétait l'illusion.

Je poursuivis mon sentier en refoulant de chers souvenirs, pour être tout entier aux grands spectacles que j'allais contempler.

J'étais sur un monticule, en face du temple. Les pylônes s'élevaient à une grande hauteur ; le Ptolémée représenté sur la façade principale avait un aspect terrible ; tenant par les cheveux une multitude de prisonniers, il va les écraser avec sa puissante massue élevée de la main droite ; un autre tableau le montre perçant d'un javelot un roi vaincu, qui demande grâce, mais en vain.

XIII

Je descendis le monticule, j'entrai dans le temple rempli encore de ce jour mystérieux qui m'inspirait une secrète terreur. Je marchai sur la pointe des pieds, comme si le bruit de mes pas devait attirer l'attention de ces rois terribles qui m'auraient puni d'avoir osé m'avancer ainsi dans le sanctuaire vénéré d'Horus et de sa mère Hathor. Aussi je me glissai contre la paroi pour ne pas rencontrer les regards du Ptolémée monté sur son char et franchissant la plaine en écrasant des ennemis.

Je pénétrai dans le naos. Les déesses étaient couvertes de leurs riches vêtements, que n'avaient pas altérés des centaines de siècles. Elles semblaient me regarder avec curiosité, et, habituées à voir les peuples fléchir les genoux devant elles, elles ne paraissaient point offensées de ma muette admiration.

Je m'arrachai à cette contemplation et poursuivis ma course sous les colonnades merveilleuses; je franchis avec hardiesse la porte du sanctuaire où s'étaient célébrées tant de cérémonies mystérieuses.

Le soleil ne pénètre jamais sous ces voûtes peintes, et ses rayons ne se jouent point entre les colonnes couvertes d'hiéroglyphes de la salle hypostyle; l'émotion vous saisit malgré vous, car le temple est tel que l'avaient laissé les prêtres égyptiens; les chambres sont vides de trésors, mais les parois parlent à ceux qui savent les interroger.

Je m'avance dans le sanctuaire, où la lumière parvient par un large passage; comme je l'ai déjà remarqué, tout, dans la construction de ces temples, était calculé pour des effets de théâtre. Je me reposai dans le naos, tabernacle taillé dans un seul bloc de granit gris. Dans cette pierre sacrée était renfermé le sistre, emblème de la divinité cachée qui remplit l'univers de sa puissance; les rois avaient seuls le privilège de le voir et de le toucher.

Toutes les chambres furent l'objet de mon examen ; je pus contempler tous ces grands tableaux historiques qui nous racontent les hauts faits des règnes de Ptolémée IV Philopator, de Ptolémée VI Philométor, de Ptolémée IX Évergète, de Ptolémée Dionysius, de Ptolémée XI Alexandre. En sortant je fis le tour du magnifique mur d'enceinte.

Qu'on se figure un vaste couloir circulant tout autour du temple et ne laissant voir le ciel que comme un petit ruban bleu ; toutes les parois y sont ornées de tableaux et d'hiéroglyphes qui retracent les offrandes des rois.

Le soleil pénétra lentement dans la cour intérieure qu'entoure un portique supporté par soixante-deux colonnes ornées de chapiteaux élégants et variés de forme et de dessin.

Quelle beauté, quelle élégante harmonie ! La colonnade droite est remplie de lumière, pendant que celle de gauche est encore dans l'ombre mystérieuse ; mais le soleil dore tout à coup les chapiteaux de la porte du sanctuaire pour lui donner la parure des grands jours de fête.

Le temple est toujours désert, les oiseaux y chantent en chœur et volent autour des déesses, qui semblent écouter leur douce harmonie avec cet air hautain que donne l'habitude des honneurs.

Je gravis les marches du haut pylône pour jouir encore un instant de l'air du matin avant que le soleil ait changé la plaine en étuve. La vue s'étend au loin, mais elle est d'une monotonie désespérante; la campagne est semée de rousseurs, les usines du vice-roi jettent des nuages de fumée qui tachent l'azur de ce beau ciel. A nos pieds, à droite et à gauche du Nil, s'étend le village, l'un des plus sordides et aussi des plus curieux de l'Égypte; les maisons des propriétaires aisés ont des terrasses et les autres sont couvertes en roseaux; enfin tout un quartier n'a pour habitation qu'une enceinte de boue, couverte de quelques branches sur lesquelles on jette, la nuit, quelques hardes pour se garantir de la rosée.

Récemment dévasté par un ouragan, ce village laissait étalé à mes yeux un spectacle impossible à décrire, celui de l'Orient dans sa nudité la plus laide. Pourtant quelques jeunes femmes ont quitté le chenil, où les animaux ont toujours la meilleure place, et se rendent au Nil pour procéder à l'ablution du matin et aux provisions d'eau.

Les vieilles femmes jettent les hardes dont elles étaient couvertes, renouent le mouchoir qui leur entoure la tête, et la toilette est faite; elles s'accroupissent, raccommodent des loques sans nom, pendant que les enfants nus se vautrent dans la fange des animaux ou sur la poussière du chemin.

Le maître de la maison a quitté la cabane pour saluer l'orient; il s'est fatalement accroupi devant sa porte, il fume la chibouque et le narguilé, et contemple la fumée qui s'échappe de sa bouche, pour lire dans ses spirales bleuâtres les décrets du Prophète.

Les chiens errants aboient pour éveiller la compassion et apaiser la faim qui les dévore. La vie se répand dans tout le village, puis reviennent les disputes, dont la cause est toujours la poule gloutonne qui saute sans façon sur les toits voisins pour y picoter quelques grains de maïs oubliés.

Ces interminables querelles dégénèrent souvent en rixes sanglantes, à moins que le fouet du chef du village ne vienne rétablir l'harmonie; ce jour-là je fus témoin d'une lutte que les femmes engagèrent sur le toit d'une maison — tableau digne du crayon de Cham.

Je détournai mes regards de ces scènes sauvages, et me plaçai sur le second pylône, d'où cette localité n'était pas vue ; j'écoutai les pigeons qui y avaient établi leur demeure aérienne et auxquels je fis partager mon frugal repas du matin ; mais bientôt une multitude d'oiseaux volèrent autour de moi, en quête de quelques miettes ; ce qui m'étonna fort, ce fut la hardiesse avec laquelle ils vinrent becqueter la peau des oranges que je laissais tomber à mes pieds.

Ma solitude allait être troublée, car j'aperçus un vrai nuage de poussière, où je pus distinguer mes compagnons qui s'avançaient au grand galop ; ils poussaient des hourrah en l'honneur d'Edfou, et les enfants du village coururent à leur rencontre en poussant des cris de joie. Les touristes font bientôt irruption dans le temple et se livrent à toute l'admiration que mérite cette merveille.

Autrefois le temple était couvert par les masures arabes, et le déblayement a été un prodigieux travail, un don du vieux roi à tous les érudits du monde.

Le temple d'Edfou a été fondé par Ptolémée II Philopator, c'est à ce prince qu'appartiennent le sanctuaire et les chambres qui l'entourent, la chapelle et en général toute la partie postérieure du temple proprement dit.

La décoration de quelques salles du centre est de Ptolémée VI Philométor. La salle hypostyle qui forme une sorte de façade monumentale en avant de l'édifice est de Philométor et de Ptolémée IV, Évergète II. Enfin le fameux pylône a été construit sous le règne de Ptolémée XIII Dyonisos.

De curieuses inscriptions qui occupent une partie des soubassements de l'extérieur du temple méritent d'être signalées. Nous y apprenons que chacune des chambres avait son nom, de telle sorte que rien ne serait plus facile aujourd'hui que de reconstituer en hiéroglyphes le plan topographique de l'édifice. Les dimensions de ces mêmes chambres, en coudées et en subdivisions de coudées, sont en outre données, et comme la confrontation avec les chambres elles-mêmes peut être faite, il s'ensuit que nous possédons des termes de comparaison rigoureux entre les anciennes mesures égyptiennes et les mesures modernes. Notons encore que l'architecte du temple, qui s'appelait

Ti-em-Hotep Oer-si-Phta Imanthès (le grand fils de Phta), a signé son œuvre.

Le temple commencé sous Philopator, terminé sous Évergète II, a été achevé après des interruptions causées par des guerres, en quatre-vingt-quinze ans.

En arrivant devant le temple, on est saisi par sa hauteur colossale qui compte 105 pieds; sa largeur est de 215 pieds et sa profondeur de 413 pieds. Edfou a un magnifique mur d'enceinte en belles pierres couvertes d'hiéroglyphes; c'est, d'après Mariette-Bey, le seul temple de la Haute-Égypte qui ait une enceinte en pierre.

CHAPITRE VI

ASSOUAN ET ILE DE PHILÆ

I

Nous avions quitté Edfou en emportant le souvenir des merveilles que nous venions d'admirer. Le tableau allait changer : ce ne sont plus des rives uniformes que nous voyons maintenant, mais une variété de points de vue tantôt arides, tantôt ravissants. Nous étions engagés au milieu de rives désolées; de chaque côté les montagnes dominent le fleuve, à peine laissent-elles une petite langue de terre verte; quelquefois un groupe de palmiers réjouit la vue, pour ne pas nous laisser oublier que nous sommes sur la terre la plus fertile du monde.

Nous passons devant Koum-Ombo; la même tristesse règne sur les rives qui s'élargissent un peu; à droite et à gauche nous trouvons des bancs de sable, des montagnes d'un calcaire friable où le Nil a pu sans peine élargir son lit.

Tous les passagers sont sur le pont. Assouan est près de nous, la nature redevient prodigue pour cette fille du soleil. A nos côtés nous avons des sables d'or qui étincellent au soleil et des rochers noirs changés en monstres gardant cette poudre précieuse ; sur les rives élevées croissent une multitude d'arbres de différentes espèces qui charment les yeux. Après un détour le fleuve devient un lac, et tout au fond apparaît Assouan couchée paresseusement aux pieds de la première cataracte, dans la plus pittoresque, la plus ravissante situation que l'on puisse rêver.

La ville est bâtie au-dessus de la rive basse et une pente douce conduit au Nil où sont ancrés des vapeurs de l'État, des dabhies qui se reposent comme pour prendre haleine avant de franchir le redoutable passage.

Assouan avec ses maisons blanches, ses petits dômes, ses minarets élancés, ses moulins à vent qui dominent la ville, son magnifique bois de palmiers, ses jardins ; l'île d'Éléphantine, ses rochers noirs sortant du fleuve changés en dieux, en sphinx, en monstres qui opposent sans cesse un barrage à l'impétuosité du courant; le calme des eaux près la fureur des flots rapides font d'Assouan, vue du vapeur, une féerie de théâtre.

Cette ville, importante par sa position géographique, marquait l'extrême limite de la Haute-Égypte ; elle était l'entrepôt de la Nubie, de l'Abyssinie et de toute cette partie de l'Afrique. C'est aussi d'Assouan que nous viennent ces magnifiques monolithes qui font notre étonnement. Vingt mille ouvriers travaillaient à arracher des blocs pour bâtir et orner les temples; les carrières sont aujourd'hui sans ouvriers, de magnifiques colonnes sont là qui attendent une autre race de géants pour les transporter.

Assouan n'est plus la grande ville et compte à peine quatre mille âmes; elle a une singularité, c'est qu'aucune ville au monde ne renferme dans son enceinte un mélange aussi surprenant de races différentes.

La principale ressource de la population est la culture des dattes dont on fait des envois considérables au Caire, ainsi que du séné, qui arrive du haut pays par le Nil. Le port d'Assouan, situé vis-à-vis de l'île d'Éléphantine, offre une des choses les plus curieuses de l'Égypte : un grand nombre de grosses barques chargées de toutes les productions de la Nubie et du Soudan y sont à l'ancre, et presque chacune d'elles est occupée par des peuples divers qui sont venus de toutes les parties de l'Afrique; le langage, le costume et les mœurs font un contraste frappant et nous ont fourni l'occasion de nombreuses observations. A la vue de ces voiles blanches bigarrées de couleurs éclatantes, et au milieu de cette variété de races, on se croirait en présence d'échappés de la tour de Babel.

II

Dans des barques bien aménagées, presque cachées sous de gigantesques mimosas, se trouvaient des jeunes filles, belles pour la plupart, les unes d'un blanc jaune ou d'un noir d'ébène, d'autres bronzées avec de longs cheveux, puis de blanches Abyssiniennes à l'opulente chevelure ; rien ne pourrait rendre l'expression de tristesse de ces dernières ; c'étaient des chrétiennes que des marchands d'esclaves avaient ravies pour en orner les sérails. En me voyant approcher, elles se penchèrent avec des regards suppliants sur le bord de leur barque. Je donnai à ces malheureuses des oranges qu'elles reçurent en me remerciant comme voulant implorer ma protection. Le gardien se réveilla et bondit furieux vers moi en mettant la main sur la poignée de son sabre : j'avais enfreint une consigne sévère ; je saisis quand même mon revolver et le dirigeai vers le féroce gardien. Mon drogman Antonio s'empressa de déclarer que j'étais un médecin franc envoyé par le khédive pour constater l'état de santé de ces jeunes esclaves. Ce furent alors des platitudes sans fin[1] ; je profitai de mon rôle improvisé d'inspec-

[1] J'étais muni d'un firman en règle que j'aurais montré s'il y avait eu danger ; c'était une ressource suprême contre toute éventualité.

teur pour recommander de donner les meilleurs traitements à ces infortunées.

Les jeunes filles des autres barques n'avaient pas la même expression de tristesse ; à la pensée que le luxe les attendait, elles partaient avec joie et folâtraient entre elles en mangeant de la canne à sucre. Elles ne furent point rebelles à notre examen attentif et firent même de la coquetterie en me tendant la main. Pourquoi n'étais-je pas peintre ? Ah ! si j'avais eu en ce moment-là Bonfils, mon photographe, pour profiter de cette précieuse occasion d'emporter des types si purs à des artistes de France ! J'avais le cœur serré en voyant ce marché humain qui se fait avec quelque semblant de mystère, pour que les gazetiers de l'Europe ne crient pas trop fort.

Un fonctionnaire turc vint pour la forme visiter le bateau ; le marchand lui montre un firman secret et lui glisse en même temps dans la main quelques napoléons ; les barques peuvent lever l'ancre et elles partent de suite. Ces jeunes filles, à peine vêtues d'une chemise bleue ou blanche, ne se connaissent pas pour la plupart ; elles ont été arrachées à leur village, volées ou achetées.

Les Abyssiniennes suivent des yeux les vagues sans rien voir. Que leur fait le paysage ? Ce courant qui les emporte depuis des centaines de lieues, c'est le pays natal qui fuit sans aucune espérance ; on ne sourira plus, libre et heureuse, à son fiancé, mais c'est à un maître corrompu qu'il faudra le faire, la douleur dans le cœur et la honte au front! La chaîne du croissant remplacera au cou la croix qui a rendu la femme libre et l'égale à l'homme.

III

Une animation, un bruit confus se manifesta soudainement, c'était le grand arrivage de barques et d'une caravane du Haut-Nil. Les animaux rugissent et font des efforts désespérés pour briser les barreaux de leurs cages, les singes mangent, dansent et font des grimaces ; les oiseaux rares destinés à l'Europe chantent malgré le brûlant soleil. Les chameaux grognent sous le lourd fardeau qu'on leur impose. Plus loin, sur un large espace, les chevaux entravés depuis peu de jours cherchent à rompre leurs liens ; deux grandes girafes allongent leurs têtes étonnées et orgueilleuses, et les gazelles aux yeux langoureux semblent pleurer leurs montagnes.

Une variété infinie de marchandises s'étalaient sous mes yeux : des tas de défenses d'éléphants, des peaux de bêtes fauves, de la gomme étincelante, des monceaux de boîtes d'ananas, des fruits, des graines et des céréales ; des armes du Soudan, des objets de bronze de toute nature richement travaillés ; des châles et des tapis ; des plumes d'autruche et des crocodiles empaillés ; des nattes, des noix de coco, de la noix de galle, des plantes aromatiques, des parfums, des bois précieux; enfin les marchandises les plus diverses et jusqu'à de certains emballages qui auraient fait la joie d'un collectionneur.

Aussi que de cris, de discussions dans des langues variées, quels gestes expressifs de tant de marchands venus des contrées les plus lointaines !

Au-dessus du port, entre les rivages et des jardins s'étend un vaste espace couvert d'un sable étincelant; au milieu s'élève une très belle tente sur laquelle flotte le pavillon du khédive ; un officier en brillant uniforme est assis sur des coussins et prélève une dîme sur les marchandises qui entrent en Égypte.

Je quittai à regret cette petite plage si animée, si pittoresque, entourée de beaux palmiers et d'un gracieux rideau de verdure, avec le Nil profond pour miroir ; j'allai visiter la ville d'Assouan. Son site est incomparable; elle ressemble d'ailleurs à toutes les villes arabes, avec cette différence que ses rues ne sont pas boueuses.

Sa position sur les confins de l'Égypte lui a valu de grands avantages et de grands périls; elle a subi toutes les invasions et fut ruinée bien des fois; en 806, une peste terrible éclata sur cette cité, et la tradition arabe dit que vingt mille habitants périrent. Aujourd'hui la ville a trois à quatre mille âmes.

C'est un entrepôt où les caravanes et les barques déposent quelquefois leurs marchandises, et c'est tout; ses bazars sont peu fournis et à peine couverts de toits en bambou, malgré la chaleur tropicale qui, d'après une statistique anciennement établie, est la plus intense du globe. Au 18 janvier j'ai trouvé sur les bords du Nil une longue bande d'épis dorés qui se balançaient au souffle de la brise.

Il était quatre heures du matin, la nuit était encore fraîche, mais d'une clarté étincelante; tout le monde dormait sur le bateau. Je traversai Assouan, plongé aussi dans le sommeil, et me trouvai bientôt dans la campagne, sur la colline qui domine le Nil et la ville.

J'étais sur les rochers de granit qui ont fourni tant de monolithes pour les palais et les temples des Pharaons ; un moulin à vent en dominait le point élevé ; sur les bords du Nil mûrissait le blé que le moulin devait réduire en poussière impalpable pour la nourriture des habitants ; du côté du désert se montrait le cimetière où bientôt, après le court pèlerinage de cette vie, l'homme mêle sa poussière aux sables du désert; à peine avons-nous fait quelques pas sur cette terre, qu'il nous faut mourir, et pourtant la terre nous sourit chaque année, elle se fait belle pour nous captiver; mais nous portons au cœur le stigmate du péché originel ; tout est néant, malgré les œuvres des puissants Pharaons; et si une contrée pouvait donner de l'orgueil aux hommes, ce serait celle qui étalait à mes yeux éblouis la puissance des hommes et les merveilles de la nature.

Ne nous attachons pas trop à ce séjour, faisons comme les oiseaux dans leurs maisons de feuillage, chantons dès le matin les louanges du créateur, puis livrons-nous au dur labeur de la vie, et quand nous verrons approcher la mort, elle ne nous trouvera point dans l'effroi, mais le sourire aux lèvres, et l'ange qui présentera notre âme à Dieu trouvera un accès favorable, car les portes du ciel s'ouvriront sous le coup de ses ailes.

IV

Je parcourus ces vastes carrières de granit, d'où pendant tant de siècles, les rois d'Égypte firent extraire, par des armées d'ouvriers, les innombrables blocs qui font encore aujourd'hui notre étonnement; je vis là comme à Balbek, un monolithe gigantesque de 32 mètres de long, encore attaché à la paroi de granit. Je m'avançai dans la plaine, je gravis la colline et explorai le couvent copte en ruines.

Le soleil se leva avec magnificence et empourpra le désert et l'île d'Éléphantine; ce spectacle éblouissant me retint longtemps sous un charme indescriptible.

La chaleur devint bientôt accablante; je descendis les collines et m'avançai vers le désert; le sable était brûlant et criait sous mes pas, comme de la neige durcie. Le vent y avait dessiné de merveilleuses arabesques, les pas légers des chacals avaient brodé sur le tout des guirlandes les plus fantastiques ; j'étais frappé d'étonnement, je ne connaissais pas encore la puissance mystérieuse du désert, et dans cette solitude immense, je croyais toujours apercevoir un fauve caché derrière une ondulation du sable ; quoique seul, je marchais toujours; je ne voulais reculer devant rien, ma journée était à moi, j'avais besoin de solitude, j'avais pour guide les hautes collines qui dominent les rapides.

La chaleur était suffocante ; il fallait tout mon courage pour continuer la marche ; déjà ma montre marquait midi, et depuis de longues heures je ne m'étais pas arrêté un instant ; je me sentais fatigué, mes regards interrogeaient le désert. J'avais une soif ardente et n'osais la calmer.

Devant moi se montra une ligne sombre, semblable à un bronze resplendissant sous l'éclat du soleil, je marchai droit, espérant trouver dans une cavité de rocher un abri contre les ardeurs du soleil, et un peu de repos après une aussi longue journée.

J'atteignis des collines qui avaient semblé fuir devant moi, je m'engageai enfin au hasard dans une gorge étroite; c'était une véritable fournaise; les rochers d'une sombre couleur crépitaient comme des poutres léchées par les flammes d'un incendie.

Après une centaine de pas, je me trouvai dans un cirque entouré de murailles naturelles ; je croyais être le jouet d'une vision ; j'avais devant moi un étrange tableau ; je m'avançai pourtant et reconnus que le vent, profitant de la fraîcheur de la nuit, avait photographié sur le sable une gigantesque forme humaine. Le buste était d'une saisissante exactitude, les jambes incertaines, les bras paraissaient enfouis dans le sable; la figure était menaçante et le vent avait hérissé la chevelure; je m'approchai du monstre que je ne redoutais plus, je lui passai sur le corps pour atteindre une excavation sombre; c'était une grotte. O bonheur! je bénis le colosse de sable qui m'avait fait trouver une si bienfaisante fraîcheur, je m'assis sur un rocher plat détaché de la voûte et après un repos nécessaire je dévorai les figues et les oranges que contenait mon sac; je bus quelques gouttes de cognac et notai mes impressions.

Je m'endormis d'un profond sommeil et rêvai que j'étais entouré de bêtes fauves qui se livraient un combat pour me dévorer; j'avais le cauchemar, je me débattais pour échapper au danger, et en étendant le bras pour me préserver, ma main rencontra un poil velu, je sentis sur mon visage la fraîcheur d'un museau.

Je me réveillai en sursaut. Horreur! j'étais entouré d'une bande de chacals qui avaient mangé mes galettes et flairaient une nouvelle proie. D'un saut je m'adossai à la paroi de la caverne, je pris un révolver à ma ceinture et fis un feu de peloton sur les chacals qui se précipitèrent épouvantés vers l'orifice de la grotte en poussant de sinistres miaulements.

J'étais maître du terrain; je regardai de toute part si je ne voyais plus d'ennemis; les profondeurs de la grotte m'envoyaient encore l'écho affaibli du bruit de mes détonations.

Je m'avançais dans l'excavation quand mes oreilles furent frappées d'un sourd grognement; je reculai, mes deux révolvers rechargés aux poings, je sortis précipitamment sans approfondir le mystère, et gagnai la pleine lumière.

Je gravis au hasard une hauteur voisine qui paraissait semée de diamants, le soleil à son déclin enflammait les collines; je savais que le Nil coulait derrière ces monticules : j'allai droit devant moi, escaladant colline après colline. Au loin le désert ressemblait à un océan de feu, et sur un cône j'aperçus un homme dont l'ombre couvrait déjà plusieurs hauteurs; reconnaissant que la nuit allait succéder sans interruption au jour, je hâtai le pas pour gravir la plus haute colline et vis enfin le Nil, semblable à un miroir d'argent; il coulait entre les montagnes; un bruit confus semblait arriver jusqu'à moi : c'étaient des voix d'hommes qui cherchaient à relever une barque échouée.

La nuit se fit; la lune se leva sur cette solitude, je m'arrêtai un instant et vis à ma gauche des ruines qui s'éclairaient peu à peu par les rayons de la lune jouant dans les colonnades du temple, inondant de rayons d'argent les hauts pylônes qui se reflétaient encore dans le miroir du Nil; je poussai un cri de joie, j'étais vis-à-vis de l'île de Philæ; je m'arrachai à mon admiration, il y avait loin encore pour atteindre Assouan.

Descendant en toute hâte la montagne, je me trouvai bientôt sur les bords du Nil; au loin j'entendais déjà les cris des chacals qui commençaient leur infernale musique ; je ne m'arrêtai point à les écouter, je pressai le pas, évitant à cette heure les villages et les maisons des pêcheurs.

Du Nil argenté sortaient des monstres fantastiques, et bien que je susse qu'ils étaient là depuis plusieurs mille ans, leur vue m'impressionna à cette heure de la nuit; j'en vis d'autres un peu moins immobiles, c'étaient deux crocodiles qui faisaient leur pérégrination du soir sur la rive ; leurs écailles reluisaient aux rayons de la lune ; aucun obstacle ne put m'arrêter et d'un pas gymnastique je fus à Assouan, enchanté de revoir le fanal du *Wuaht*.

V

Aucun touriste ne manque à l'appel le lendemain, jour de l'excursion à Philæ. La plage d'Assouan était remplie d'une grande foule et l'animation de la rue formait un curieux tableau. Le ciel est marbré et le soleil jette des rayons semblables à un jour d'éclipse ; les oiseaux volent bas, les Arabes crient, les chameaux grognent, les chameliers se battent et le drogman chef met l'ordre à coups de cravache.

Nous partons enfin. Notre caravane offre un aspect pittoresque : une partie des touristes sont montés sur des dromadaires, d'autres à cheval et à baudet. Ma chance ou plutôt un bon bagchich me favorise du baudet du gouverneur de la province ; c'était une bête magnifique, harnachée avec grand luxe et reproducteur de prix, aussi vif qu'un pur sang.

De mon poste, à l'arrière-garde, je pouvais jouir des courses folles de nos compagnons de voyage ; les dromadaires, les chevaux, les ânes, luttaient de vitesse ; il y eut des chutes, ma pharmacie fut une providence ; mais rien ne retenait les gentlemen, ils sonnaient du cor, et, le désordre des culbutes réparé, le cor de chasse recommençait.

Mon indomptable baudet, habitué à tenir la tête des caravanes, se précipitait à chaque instant en avant ; c'était le meilleur coureur de la Haute-Égypte, on l'avait nommé Aquilon ; il se cabrait, se levait droit et faisait des sauts de mouton ; je ne fus pas désarçonné, mais, fatigué de son impatience, je lui rendis la main, l'aiguillonnai et je fus emporté dans une course qui me donna pour quelques instants une agréable fraîcheur ; quand j'eus dépassé la caravane, mon baudet arrêta sa course et se contenta de garder la tête.

La chaleur était accablante sous ce soleil de plomb ; le thermomètre marquait 39° à l'ombre ; mon intrépide baudet étant au pas, je pris quelques notes. J'étais dans la partie la plus pittoresque du chemin, au milieu de ces rochers surprenants par leurs formes fantastiques : il y a des poissons, des monstres marins qu'on dirait pétrifiés, des groupes de chevaux, des momies, des singes qui font la même grimace depuis quatre mille ans, d'autres qui semblent se préparer à des bonds prodigieux; des colosses décapités, des lions accroupis, des têtes de mort, des monticules entiers ayant la forme de balles de coton, semblables à celles qu'on voit dans les docks d'Alexandrie, comme une promesse des siècles à la riche Égypte.

Nous approchons du terme de notre voyage, la route s'élargit, les collines fuient au loin; nous pénétrons dans une plaine, et l'île enchanteresse de Philæ paraît à nos yeux, entourée de son miroir, parée de ses fleurs et d'un tapis d'émeraudes.

L'île s'élève au milieu du Nil ; les plus fortes crues ne l'ont jamais submergée. La vue de Philæ avec ses imposantes ruines, sa verdure éternelle, les sombres rochers qui la dominent, la beauté des alentours, le bruit des rapides au loin, tout vous enchante, vous transporte; on se croit en face d'une île de fées.

Lorsque les touristes furent rassemblés sur les bords du fleuve nous nous embarquâmes sur un bateau primitif; à notre approche l'île se peuple comme par enchantement; sur les rives, sous les sycomores séculaires, sous les mimosas en fleur, sur les ruines, jeunes filles et garçons nous attendaient en poussant des cris de joie et les mains chargées de fleurs.

Les eaux étaient hautes, le courant rapide ; notre débarquement fut laborieux. Tout autour de notre barque nous avions des monstres d'un nouveau genre, c'étaient des

Nubiens aux formes athlétiques, de taille élevée, beaux de physionomie, bronzés comme des statues antiques. L'un était à cheval sur une pièce de bois, il suivait le bateau en nageant avec les pieds ou les mains ; l'autre faisait des tours d'équilibre sur son arbre flottant, tous étaient d'une extrême agilité ; la cravache du drogman ne pouvait les forcer à regagner la rive, afin de permettre aux dames et aux jeunes filles de débarquer; pour les éloigner, on n'eut d'autre ressource que de mettre quelques parats dans un éclat de bois et de les lancer au loin : ils coururent sus à leur proie et reprirent leurs robes blanches.

En débarquant, chaque touriste fut entouré par une foule de jeunes filles et de jeunes garçons ; bon gré, mal gré, on nous couvrit de fleurs.

Tout entier au merveilleux spectacle que j'avais sous les yeux, j'écrivais avec une fiévreuse activité, comme si la féerie allait disparaître ; mon ombrelle avait roulé de mon épaule, j'écrivais toujours et quand je me levai pour parcourir un autre point, j'avais près de moi trois jeunes filles fort belles ; la plus jeune tenait mon ombrelle sur ma tête ; je la regardai et aussitôt elle me montra que ses deux compagnes étaient avec elle et partageraient le bagchich. Elle était pareille à ces vierges des vieux tableaux de nos cathédrales ; son teint était d'un brun éclatant sous la lumière du soleil, son visage ovale, ses dents de petites perles brillantes, ses yeux profonds et doux ; quelquefois souriante, mais le plus souvent rêveuse, toute sa physionomie avait une suave expression. Son sourire était plein d'une pudique malice ; le modelé de son corps se dessinait sous sa courte et légère chemise blanche ouverte sur sa poitrine, ses cheveux cachaient à peine son cou fin orné d'un collier de verroterie bleue ; ses mains, ses pieds étaient d'une extrême distinction. Quand la pauvre enfant vit que j'étais sous le charme et que j'écrivais en la regardant, elle supposa que mon admiration tout artistique m'inspirait un sentiment que je n'avais pas, et me frappa sur la main en me montrant sa bague de fiancée. Une larme mouilla ma paupière à la pensée de la sagesse d'une si jeune fille ; je lui montrai le ciel et continuai mon excursion.

J'appris plus tard que cette jeune fille était l'enfant du chef du village, mort depuis peu de temps ; ses amies avaient une sorte de déférence pour elle ; je lui avais donné quelques sucreries qu'elle partagea avec celles-ci et qu'elle mangea sans avidité.

VI

Je parcourus toute l'île ; à chaque pas nous foulions une plante rare ; les mimosas étaient en fleur et parfumaient les alentours. Je me trouvai tout à coup en face du haut pylône où Desaix a fait graver une inscription qui fixe le point extrême où il a poursuivi l'ennemi. Mon ami belge était là et il me tendit la copie de l'inscription, que voici :

« L'an VI de la république, le 12 messidor, une armée française, commandée par Bonaparte, est descendue à Alexandrie. L'armée ayant mis, 20 jours après, les Mamelouks en fuite aux Pyramides, Desaix, commandant la 1re division, les a poursuivis au delà des cataractes, où il est arrivé le 13 ventôse de l'an VII. »

L'émotion me gagnait au souvenir de tant de gloire, je voulais être seul et je montai sur la plus haute partie du pylône, du sommet duquel j'embrassais l'île et le panorama des environs. Devant moi le Nil coulait entre une haute montagne noire et des collines d'or; sur ses bords est une oasis où se cache un joli village renfermant les derniers descendants des prêtres égyptiens.

Les palmiers élancés forment un vert parasol aux gommiers, aux mimosas, et à cent plantes diverses d'une luxuriante végétation ; à gauche le désert et ses profondeurs infinies, à droite la colline, puis des rochers noirs, rouges, gris et blancs, sur lesquels les prêtres égyptiens ont fait sculpter les monstres les plus hideux, pour protéger l'île sacrée.

Le Nil, passant d'un calme majestueux à une fureur aveugle, mugit, gronde et se précipite vers ces géants de pierre, qui depuis le commencement du monde s'efforcent en vain de contenir la fureur de l'ancien dieu de l'Égypte.

De toute antiquité l'île de Philæ fut un point stratégique tant pour garder l'entrée de l'Égypte que pour préserver les sanctuaires de l'île divine. Il s'y trouve peu de monuments pharaoniques ; les ruines les plus anciennes ne remontent pas au delà de 2500 avant l'ère chrétienne et la vraie splendeur de Philæ date des Ptolémées. Les Romains sont venus greffer leur puissance à l'extrémité de l'Égypte et, pour égaler les anciens rois, ils élevèrent les monuments splendides dont nous admirons aujourd'hui les ruines.

Sous les portiques ne retentissent plus les chants, et les belles processions ne se développent plus autour des enceintes ; le sanctuaire est désert, les idoles renversées ; seul le soleil prodigue toujours ses chauds rayons à cette île incomparable, et tous les monuments en grès blanc, temples, palais, arcs de triomphe, colonnades, murs des quais, se dorent avec les siècles ; une luxuriante végétation lui donne une parure d'émeraudes, les oiseaux rares y font leurs nids, la brise du soir leur apprend leur chant d'amour, et le Nil en passant chante à sa fille bien-aimée une douce chanson que l'on vient écouter de tous les points de la terre.

Je regardais le magique tableau que j'avais devant les yeux, et n'écoutais point le bruit dont l'île était remplie ; malgré les merveilles qui s'étalaient sous mes yeux, mes pensées étaient à la tristesse, et, pour la chasser, j'ouvris mon agenda ; en le feuilletant, je lus cette date fatale du 21 janvier qui, dans deux jours, aurait sonné de nouveau à l'horloge des siècles.

Je sentis une poignante douleur, et comme si le ciel répondait au deuil des crimes de la révolution, il se voila; il me semblait entendre comme un glas funèbre : c'était un ouragan qui se préparait; à travers les préludes de l'orage, je crus entendre les cris sauvages de la populace ivre de sang; je voyais le fils de saint Louis sur l'échafaud et son sang tomber goutte à goutte et former un ruisseau avec celui des autres martyrs.

Puis la reine, fille d'un grand empire, gravit à son tour les marches fatales... elle est belle, de la beauté de l'ange, ses lèvres roses n'ont cessé de dire à ce peuple qui l'immole : Je t'aime, je suis à toi; mes mains royales pansaient tes plaies et te présentaient la coupe du bonheur, et tu préféras la coupe voltairienne qui fit ton malheur!

Pour effacer cet amour d'une adorable reine, d'exécrables criminels, maudits à tout jamais, étouffèrent dans le sang son sourire ineffable; on fut sans pitié envers cette princesse dont le regard eût attendri un tigre!

Le sang d'innombrables martyrs est mêlé, je vois une vapeur blanche qui s'en détache et monte en forme impalpable vers les sphères éthérées pour recevoir au pied du trône de Dieu une couronne immortelle.

Sur la terre ce sont les rugissements de monstres humains, au ciel des chants de joie; les archanges font vibrer les cordes des harpes sacrées, les anges sonnent de la trompette céleste, c'est la marche triomphale des martyrs, les vierges du ciel chantent en jetant des fleurs, les dominations brûlent l'encens aux pieds du Dieu des armées : tout le ciel est en fête !

Ces scènes sanglantes se sont renouvelées de nos jours. Le sang des martyrs a coulé de nouveau, le ciel s'est ouvert pour les recevoir !...

La France libre penseuse n'est plus la France, son génie est paralysé ; essentiellement chrétienne, elle est toujours faible en révolution.

L'histoire est là, écrite en caractères de sang ; chaque débordement impie a été payé par l'humiliation et le sang !..

La libre pensée a toujours ouvert les frontières de la France, elle donne la main à tous nos ennemis.

Oh ! malheureuse patrie, ouvriras-tu les yeux ? Pour aimer le peuple, il faut aimer son Dieu, qui dans son amour pour la France nous a donné tant de souveraines immortalisées par toutes les beautés, toutes les vertus, tous les courages de la femme chrétienne....

VII

Et pendant que l'histoire des mauvais jours de ma chère patrie se déroulait devant mes yeux épouvantés, la nature, comme pour répondre à mes pensées, entra dans un trouble extrême.

Le soleil se plomba tout à coup, le Nil se marbra, les palmiers balançaient leurs larges panaches et semblaient vouloir se précipiter dans les eaux tourmentées du Nil; ce parage enchanteur prit des teintes d'hiver; il ne manquait, pour compléter l'illusion, qu'un souffle glacé. Mais non, c'est une fournaise qui vomit un souffle de feu. On dirait que la terre se prépare à quelque cataclysme effroyable, les animaux deviennent inquiets et nerveux, les Nubiens courent s'enfermer dans leurs villages, les touristes cherchent un asile dans les souterrains.

Je prends les précautions pour pouvoir assister au spectacle étrange qui se prépare. Le khamsin se déchaîne avec une violence extrême, il frappe le sable du désert, comme si une légion de géants, ayant des arbres pour fléaux, battaient le sable et le repoussaient de leur souffle puissant. Nous fûmes presque dans l'obscurité pendant la fureur passagère de ce terrible ouragan ; le soleil, semblable à un disque d'étain, envoyait des rayons blafards. J'étais toujours assis sur le pylône du temple, regardant couler le Nil profond ; l'immense colonnade se tordait dans les eaux ; tel on voit dans de grandes usines des arbres de fer se tordre sous l'action d'une fournaise. Tout revêtait une teinte gris jaune, on y voyait comme à travers une gaze terne. Les palmiers étaient affolés, les plantes échevelées et tous se balançaient avec des contorsions incroyables, semblables à des fous tourmentés par la fièvre.

Les chameaux qui passaient en longue file se couchèrent malgré leurs charges et fermèrent les yeux en mettant leurs têtes terrifiées entre leurs pieds ; les hommes, les femmes, surpris par la tourmente, se couvraient la tête de leurs chemises, et les buffles s'étaient jetés dans le fleuve : c'était un effrayant spectacle.

La tempête dura une heure ; peu à peu la nature reprit son aspect riant. Les touristes sortirent des antres où ils s'étaient garantis contre la tempête ; ils se réunirent dans la cour d'un temple, et s'abritèrent sous les portiques pour procéder au dîner, qui fut plein d'entrain et de la plus charmante harmonie.

On ne quitta pas la cour du banquet sans porter un toast à Cléopâtre; ce fut un membre du parlement anglais, un gentleman, qui s'acquitta de cette tâche en pur français; il parla des charmes de Cléopâtre, qui ne vieillissait jamais sur son tableau de pierre, et, s'approchant de l'amie de César, il éleva son verre et fit de la séduisante reine un si beau panégyrique, qu'elle semblait sourire ; les fanatiques de la beauté épuisèrent jusqu'à la dernière bouteille le champagne du bateau.

Le neveu du vieux gentleman entonna une charmante romance, la jeunesse et les dames en reprenaient le refrain que répétait l'écho des chambres du temple. Quelques Arabes qu'on avait laissés entrer et qu'on avait même régalés écoutaient avec une grande curiosité, surtout la jeune fille, mon cicérone de l'île de Philæ.

Nous nous répandîmes encore dans l'île, et nous y restâmes jusqu'à ce que vers le soir, la cloche du drogman nous appela ; la jeunesse qui avait trop fêté Cléopâtre faillit, en voulant manœuvrer le bateau, nous précipiter dans le Nil, où depuis la tempête nous avions aperçu quelques crocodiles.

Les trois jeunes filles qui m'avaient servi de cicérones, m'apportèrent une gerbe de fleurs, que je distribuai aux dames; je reçus les adieux touchants de ces enfants du désert qui n'ont pas la sordide convoitise des autres Arabes. Philæ a une population choisie; il y a beaucoup de familles aisées dans le village caché sous les palmiers. Plusieurs de ces familles descendent directement des prêtres qui gardaient le sanctuaire le plus vénéré de tous les idolâtres de l'Orient; le frère aîné de la jeune fille, qui nous accompagnait, avait, un des derniers, conservé le culte égyptien. Malgré la conversion forcée au christianisme, puis à l'islamisme, on avait toujours gardé en secret, dans ces familles, un certain culte pour les divinités païennes. Aussi, quand j'admirais les merveilleux tableaux tracés sur les murs, que mes yeux s'animaient, que mon imagination voyait les grandes scènes de l'antiquité, cette jeune fille croisait les mains et portait tour à tour ses regards des faux dieux à celui qui les contemplait, et pour me faire admirer davantage, elle m'expliquait les tableaux dans un mauvais français. Mais où je vis son visage s'animer davantage et ses yeux se remplir de larmes, c'est lorsque le gentleman anglais porta son taost.

La caravane était déjà partie, mon baudet intrépide bondissait d'impatience ; je regardais Philæ baignée dans un bain d'or ; j'aurais voulu rester, y passer quelques semaines, attendre un autre bateau ; j'aurais voulu tracer toute l'histoire de la famille du grand prêtre, mais il fallait partir ; j'allais enfourcher ma monture indocile, quand je me sentis retenir par ma ceinture, c'était la fille du prêtre, elle me pria d'attendre, elle joignit les mains et poussa un cri.

Je vis un jeune Arabe se détacher d'un groupe et accourir ; c'était un magnifique jeune homme, au regard intelligent, aux formes athlétiques, à la démarche fière. Il était élégamment vêtu, portait un coufis de Damas, une robe blanche, une ceinture de soie, qui retenait de beaux pistolets ; une magnifique bague ornait sa main.

La jeune fille porta à ses lèvres la main du jeune homme, qui passa familièrement son bras au cou de celle qui venait de l'appeler ; je pris ensuite leurs mains, les mis l'une dans l'autre et y laissai un cadeau de fiançailles ; brusquement j'enfourchai ma monture en les saluant et disant au revoir. Antonio qui avait fait de longues conversations avec la jeune fille lui fit encore mes adieux pour moi.

Je pris le chemin de la cataracte et avant de m'engager avec mon baudet dans un dédale de rochers glissants, je dis un dernier adieu à Philæ et je revis les fiancés qui m'envoyaient des baisers.

VIII

J'étais déjà à une centaine de pas de l'île, je ne pouvais quitter ce panorama enchanteur, je vis encore le haut pylône de Philæ et le panache de ses palmiers.

De l'autre côté de la rive s'élèvent des collines de sable gris, qui brillent comme des diamants. Çà et là un groupe de palmiers mêlent l'émeraude au diamant; un peu partout des rochers surgissent comme des obélisques dressés par les Pharaons.

Sur la paroi d'une colline sont sculptés des dieux et des déesses qui s'enivrent d'ambroisie; mais le vent du désert, comme pour cacher leur nudité repoussante, leur jette dans sa colère un manteau de sable.

La cataracte gronde au loin, les rapides, les chutes se succèdent; le sentier que je suis est étroit et dangereux, que m'importe!... Je passe d'enchantement en enchantement. Des îles succèdent aux îles; ici un petit temple, là une colonne, plus loin un palmier solitaire poussant dans la fente d'un rocher qui surgit du milieu du fleuve; des centaines de monstres font de vains efforts pour arrêter la fureur des flots; ce sont des rochers de granit que le ciseau des Égyptiens avait taillés en divinités ou en bêtes fauves; sur d'autres rochers, dont les parois étaient un peu aplaties, on avait gravé des hiéroglyphes. Mais le Nil était aussi un dieu et, comme les Pharaons, il s'élevait des statues, qu'il taillait lui-même de sa main délicate; les capricieuses caresses de ses vagues leur donnaient le brillant d'un miroir et le poli de la pierre précieuse.

Je vis, en suivant le fleuve, les villages de la veille; le Nil dans cette partie a 1,000 mètres de largeur, et jusqu'à Assouan il est encaissé; je m'attardai sur les bords du fleuve et arrivai assez tard au vapeur.

Le lendemain matin, au premier jour, une barque m'attendait; je visitai l'île d'Éléphantine, qui fait face à Assouan.

« Le bras du Nil qui les sépare peut avoir 150 mètres; l'autre canal est très large. L'île a un kilomètre et demi environ dans sa plus grande largeur et un demi dans l'autre sens. Une végétation luxuriante couvre l'île dans une de ses parties; les Arabes l'appellent l'île fleurie.

« La ville, qui était au midi de l'île, n'existe plus; les décombres y forment un grand monticule de 7 à 800 mètres de tour. Un village s'est formé au pied; l'île a un second village au nord; tous deux ont pour habitants des Barabra. Les restes des deux petits temples, dont l'un était bien conservé, s'y voyaient encore à la fin du dernier siècle; ils ont été anéantis en 1822 par le gouverneur turc d'Assouan, qui voulait en employer les matériaux. Il ne reste sur place que quelques blocs de granit, qui portent les cartouches de Touthmès III, d'Aménophis II et de Touthmès de la XVIIIe dynastie entre (1625 et 1609 avant Jésus-Christ). »

Nous ne faisons cette citation d'un de nos Guides, Joanne et Isambert, que pour prouver l'antiquité des monuments de l'île.

Éléphantine possédait un quai construit par les Ptolémées ou les Romains; il en existe une partie qui s'élève à près de 50 pieds au-dessus du niveau du fleuve; un escalier monumental descend au Nil et à son pied se trouve le nilomètre.

Cette île a dû être au temps de sa splendeur un vrai paradis terrestre ; tout concourait à son enchantement : ses beaux quais, ses temples, les maisons de campagne des riches habitants d'Assouan, ses jardins, ses bois de palmiers, la fraîcheur que lui apportait sans cesse le courant du fleuve. Sa partie nord conserve encore de beaux ombrages et des cultures variées.

Adieu, rivages enchanteurs, je pars!

Nous descendons le Nil. En les quittant, les rives me paraissent plus belles, les contours plus arrondis ; c'était l'avis de mon ami de Louvain, qui décrivait tout à l'aide de la sténographie.

IX

La chaleur était torride, et le thermomètre marquait 29° à l'ombre et au courant du bateau. Le soir nous montâmes sur le pont; la soirée était avancée, l'air était d'une transparence et d'une pureté sans égale; la voûte céleste semblait s'être agrandie.

Le soleil disparut tout à coup derrière un groupe de palmiers, nous étions comme enfermés dans un lac que l'œil pouvait explorer en tous sens. Nul de nous ne distinguait par où le vapeur pourrait reprendre sa course: nous étions ensablés. Cependant nulle crainte ne nous assaillit, nous n'étions point impatients de quitter ces rives; nous contemplions un tableau féerique qui étalait sous nos yeux toutes ses magnificences. Nous touchions presque la rive, et à quelque distance une montagne se montrait en topaze transparente, comme une goutte de rosée.

Nous poussâmes un cri d'admiration, tous les passagers accoururent : nous avions devant nous une vieille cathédrale, avec ses contreforts, ses fenêtres en ogives, ses gargouilles, ses clochetons!... Par ses larges croisées on voyait scintiller les lumières d'un jour de grande pompe sacrée ; l'encens s'échappait en vapeur parfumée par les croisées supérieures qui éclairaient la voûte.

A nos oreilles arrivait une ineffable mélodie : les diacres et les vierges chantaient leur cantique sur la terre, puis les anges dans le ciel en redisaient le chœur.

Je ne me trompais pas : sur le pont une belle et charmante Australienne chantait des cantiques sacrés avec une chaste grâce et une aimable simplicité; son pied d'enfant battait la mesure, son accompagnement était la brise légère qui jouait dans les boucles de ses cheveux noirs. Le bateau avait repris sa marche; la féerie disparut, et je ne vis qu'une teinte d'un bleu éclatant remplir le ciel[1].

X

Ce fut à Billianéh que s'arrêta notre vapeur pour visiter les célèbres ruines d'Abydos. Dans tout ce voyage nous n'avions vu pour ainsi dire que des merveilles : eh bien, notre joie en sautant sur la rive pour admirer ces ruines était celle de véritables enfants. C'était notre dernière étape de touristes dans la Haute-Égypte.

D'ailleurs tous ces passagers, ces amis d'un jour, allaient se quitter, et pour ne plus se revoir peut-être.

Les cœurs avaient ensemble tressailli à la vue de tant de merveilles de la création et de chefs-d'œuvres humains !

1 Dans le cours de mon long voyage j'ai vu plusieurs fois au coucher du soleil dans la mer Rouge se renouveler de semblables féeries.

Ensemble ils avaient ressenti ces commotions électriques qui vont à l'âme, qui se communiquent et ne s'oublient plus. Les mêmes rayons de soleil avaient illuminé nos esprits; ils avaient imprimé dans nos mémoires l'image indélébile d'une suite de tableaux magiques; c'était une féerie céleste, mais féerie non pas pour l'imagination seule, féerie qui élève, qui nourrit l'âme, qui fait revivre un passé réel, historique, indiscutable.

Et nous étions au dernier tableau. Nous allions partager la dernière émotion.

La joie débordait. C'étaient des explosions. La jeunesse montrait près des dames et des jeunes filles une sollicitude presque familière. La rive retentissait de cris plus joyeux que poétiques, et ceux des montures mêmes se mettaient de la partie.

Les fellahs nous étourdissaient les oreilles pour vanter leurs baudets. Vainement quelques gentlemen voulurent accaparer quatre des meilleurs et des mieux harnachés : pour les soustraire à leurs assauts, les Arabes poussèrent dans une mare ces ânes de si bonne mine.

A quels mystérieux personnages étaient-ils destinés?

Des Américains, pour avoir le premier choix dans ce qui restait, voulurent boxer de jeunes Allemands non moins ambitieux, mais les Yankees avaient affaire à forte partie. Ils durent battre en retraite.

Quant à moi, j'avisai un malheureux petit âne noir et maigre à faire peur, et de plus sans selle ni bride : je n'avais qu'à choisir, le prendre ou le laisser. Tout en regardant la mare du coin de l'œil, je finis par me résigner.

J'improvisai vite un mors avec un petit bâton et deux bonnes ficelles, une housse avec ma triple couverture de voyage. Ainsi loti, j'enfourchai ma bête noire.

O miracle ! à peine monté, ce pur sang part sans même avoir senti le premier chatouillement de ma cravache ; en un clin d'œil j'avais pris la tête de la caravane. Toutefois je ne tardai pas à faire un détour et à prendre un chemin à part.

Comme guide j'avais choisi un jeune Arabe à l'œil vif, parlant bien français. Il connaissait tous les sentiers de la vaste plaine qu'il fallait traverser, plaine qui d'ailleurs est un vrai paradis terrestre.

Les récoltes succèdent aux récoltes. Modérant l'ardeur de mon coursier, je traverse lentement et avec délices ces luxuriantes cultures. Une fraîche brise soufflait encore. Il n'était pas cinq heures du matin. Mes yeux se reposaient sur les ravissantes ondulations de cette mer de verdure.

Mais bientôt les splendeurs et les suavités du soleil levant faisaient place aux torrents de cette lumière qui éblouit, et de cette chaleur qui accablerait tout Européen exempt de la passion égyptologique.

Moi je l'ai cette passion. L'Égypte se révélait à mes yeux tout entière. Je comprenais l'enthousiasme des savants qui vont l'étudier malgré ses chaleurs torrides. J'aimais à me plonger avec eux dans la civilisation antique de ce peuple : sous mille rapports, il me paraissait l'emporter sur nos mœurs et nos habitudes modernes : c'était avec un bonheur intime que je venais sur cette terre aimée du soleil apporter mon modeste mais ardent hommage à ceux qui l'habitèrent jadis.

Le sentier que je suivais sur mon âne longeait un canal. Les céréales s'élevaient au-dessus de ma tête comme des murailles de verdure.

Tout à coup cinq Arabes des plus bronzés me barrent le chemin. Ils voulurent se saisir de maître Aliboron, qui, prétendaient-ils, leur avait été volé. Déjà l'un d'eux tenait une des cordes qui me servaient de bride. Deux autres m'enjoignaient de descendre ou de payer le prix de la bête.

Avec autorité, avec calme et surtout sans l'ombre de crainte, je priai ces hommes de laisser le chemin libre. Mais, forts de leur nombre, ils ne répondirent que par l'injure et la menace. L'un des cinq leva sur moi son bâton. Ce geste n'était pas fait que j'avais mon révolver à la main. A cette vue l'audace des pillards tombe. Je pique des deux et grâce aux jarrets d'acier de mon baudet j'eus en peu d'instants rejoint la caravane.

Mon ami de Louvain rit d'autant plus de mon aventure que j'étais coutumier du fait et que toujours j'avais su me tirer d'affaire.

Quelques minutes plus tard nous étions au temple de Séti. Et presque aussitôt, qui voyions-nous arriver? notre drogman avec trois domestiques du bateau. Et sur quelles montures? sur les bêtes de choix aux harnais magnifiques que leurs propriétaires, moins arabes que ledit drogman, avaient confiées à la mare plus haut mentionnée.

Ce fut un rire aussi universel qu'ironique. Nous battîmes des mains. Nous eussions certes mieux aimé battre comme plâtre cet être mal élevé qui se permettait un pareil confortable, ne laissant aux dames que de mauvaises montures!

XI

Abydos était là sous nos yeux, au pied des monts Libyques, dormant sous son antique poussière. Le temple de Séti, protégé par les masures accumulées depuis tant de siècles, montrait, aux yeux qui savent voir, ses grandeurs archaïques. Les incidents de notre cavalcade sont bien loin. Nous pénétrons dans les vénérables ruines.

Tout d'abord, et comme toujours, je monte sur le point le plus haut de l'édifice. Je me rends compte du site, de l'exposition; j'admire l'ensemble et la vue qui déroule ses richesses sous mes yeux. Puis je redescends pour examiner en détail ce qui reste de ce temple.

Ce sont des trésors d'architecture, d'ornementation, d'inscriptions; ils ont été fouillés avec patience et avec amour par le savant incomparable qui met sa gloire à déchiffrer les stèles, à traduire les tableaux, à ouvrir enfin et à faire lire à tous ce livre de pierre, archives mystérieuses de la civilisation la plus antique du monde.

A Thénis le tombeau d'Osiris était le plus ancien des sanctuaires et le plus fréquenté; « chaque Égyptien riche, dit M. Mariette, venait au moins une fois en sa vie visiter le tombeau sacré. »

On aimait, on recherchait l'honneur de se faire enterrer près du dieu. Aussi retrouvons-nous aujourd'hui un nombre incroyable de monticules en forme de mamelons qui entourent cette tombe ; sous ces mamelons ont été accumulées des milliers de momies égyptiennes.

Si quelque jour les recherches nouvelles amenaient sous les yeux de nos savants la momie d'Osiris lui-même, quels trésors inestimables ne découvrirait-on pas du même coup ! Les stèles sans doute nous parleraient sans mystère du *dieu unique* dont les prêtres et les rois se réservaient la notion et le culte.

Cependant, au point de vue historique, il est utile ici de remarquer que jamais les prêtres et les Pharaons ne doivent être pris au mot lorsqu'ils parlent de leur antiquité, de leur généalogie. Ils aiment à grandir leurs exploits, à reculer l'âge de leurs ancêtres, comme ils aiment à se faire peindre sur les murs des temples ou les parois des pylônes, avec une taille de géants.

C'est surtout à aux hommes travaillés du désir de trouver en défaut les données bibliques, à l'honneur et au profit de la libre pensée, c'est à ces hommes dont la science est incontestable mais non pas l'impartialité, c'est à ces amateurs du merveilleux dans l'histoire et du grandiose à tout prix, surtout quand il s'éloigne des traditions respecteés, que nous osons adresser l'observation ci-dessus.

Nous avons vu de nos yeux; malgré l'humble sphère qui est notre lot et que nous aimons, nous nous croyons quelque droit d'être affirmatif en cette matière : il faut bien se garder d'admettre comme article de foi les découvertes basées sur telle inscription, sur telle date lorsqu'elle est invraisemblable, ou qu'elle contredit les récits ou seulement les allusions consignés dans la Bible.

XII

Nous sommes dans le temple de Séti, nous parcourons les vestibules, toute l'enceinte, toutes les salles, guidé par l'ouvrage nécessaire et autorisé de M. Mariette-Bey.

Ce temple fut bâti par Séti Ier, père de Ramsès II ; ce dernier acheva l'œuvre paternelle; et ses descendants se plurent, comme de coutume, à l'embellir encore. Enfin d'autres sanctuaires firent oublier celui-là. Ce n'était plus qu'à titre de pieux souvenir et de ruine vénérée qu'il était visité si souvent par les plus illustres d'entre les Égyptiens.

On ne lui rend aujourd'hui d'autre culte que celui de la science et d'autres visites que celles de la curiosité, mais curiosité élevée qui n'est le partage que du petit nombre des voyageurs contemporains.

M. Maspero est un de ces vrais érudits. On lui doit une savante et admirable description des tableaux conservés au temple d'Abydos. Son livre à la main, tout se lit, se comprend, se révèle avec une lucidité merveilleuse, mais surtout se révèle admirablement aux yeux qui voient sur place les choses dépeintes et expliquées par lui.

A quiconque désire connaître un peu l'Égypte, il n'est pas permis d'ignorer l'*Essai* de ce maître en ce qui touche le sujet spécial qu'il a traité (la même plume d'ailleurs en a, depuis, traité plusieurs autres).

Mais ne nous lassons pas de revenir à M. Mariette.

C'est à lui qu'il est arrivé ceci : cherchant et fouillant dans ce temple de Séti, où nul n'avait encore su voir comme lui un des plus riches documents du passé, il se trouva tout à coup en présence du tableau fameux où le père de Sésostris rend hommage à soixante-seize rois égyptiens : c'était une révélation de la vérité sur les siècles fabuleux, sur les dynasties confuses. L'histoire abrégée de cette longue suite de princes était là gravée sur la paroi.

L'émotion gagne le savant. Si Ramsès avait pu voir les larmes de joie mouiller les yeux qui contemplaient son œuvre et son image, il aurait offert au savant l'une de ses provinces. Mais une seule chose peut satisfaire la science, c'est la possession de la vérité. Qu'elle fut douce et radieuse cette première heure pour l'homme qu'on peut en toute justice appeler le Champollion de nos jours!

Glorieuse était encore cette heure pour le khédive sous la haute inspiration de qui tous ces trésors nous sont échus.

Le déblayement des décombres, la lutte contre le sable, la guerre déclarée au climat et aux éléments, telle est bien la vie à laquelle se condamne l'homme de science. Mais aussi quelles délices de pénétrer jusqu'aux entrailles de la terre pour lui arracher ses secrets; quel triomphe de s'élever jusqu'au fond des cieux pour se mêler au concert des astres !

N'est-il pas de quelque utilité de recomposer les métaux, d'en trouver d'inconnus, d'analyser le corps humain jusque dans ses plus mystérieux éléments, d'obtenir d'une seule plante les produits les plus divers, de faire du soleil un peintre fidèle, de la vapeur une force toute-puissante, de l'électricité une lampe qui rappelle le jour lui-même ?

Et si de pareilles conquêtes ne rassasient pas la science, qu'elle grandisse encore, c'est Dieu qu'elle trouvera au bout de ses labeurs; alors du moins ils ne seront pas perdus.

XIII

Revenus d'Abydos nous n'avions pas une entière satisfaction. Quand donc le prince qui préside aux destinées actuelles de l'Égypte pourra-t-il avec un peu d'or écarter les monceaux de sable qui se placent entre nous et la tombe d'Osiris ? Montagnes, entr'ouvrez-vous et laissez-nous sonder les mystères de ce vieux culte, de ces dogmes réservés.

Je ne pouvais m'arracher à ces ruines. La caravane avait déjà repris le chemin du bateau, et le soir hâtait ce retour, que je m'attardais encore recueilli sous les dattiers pour classer et méditer les merveilles dont je venais d'avoir le spectacle.

Mon âme vivait au centre même de la vie pharaonique ; j'éprouvais un ravissement inconnu, et sans la nuit qui se faisait vite, je fusse resté là de longues heures.

Mais il fallut à grands pas regagner le fleuve. Mon infatigable baudet montra ce qu'il était, c'est-à-dire la meilleure bête de l'Égypte et de la Nubie. Aussi pris-je grand soin en le quittant de lui faire donner sous mes yeux ample ration d'orge fraîche — aubaine rare sans doute pour son appétit.

Le bateau allait lever l'ancre. Vite je rentrai au bercail, et à l'instant même la vapeur nous emportait.

Après un jour si bien rempli, je me reposais sur le pont avec plus de délices; la brise mourait doucement et la fraîcheur faisait place aux tièdes effluves de l'Orient.

C'était bien le cas de laisser mon imagination reprendre ses excursions familières dans les vieux âges, ou se bercer aux souvenirs personnels; je voyais votre chère et poétique figure, ô Marianne.Comme autrefois à la ferme je me retrouvais au milieu des blés; les bluets se penchaient avec eux pour saluer la nièce de notre divin poète, et mon grand chien, le féroce Dauphin, se couchait à vos pieds.

J'étais triste alors; mais il me semble que Dieu m'envoyait un de ses anges pour écarter la mort qui voulait moissonner les roses de mon foyer. Vous fûtes, noble amie, le rayon céleste qui vint illuminer mon âme troublée. Votre apparition me consolait, me fortifiait contre les luttes de la vie. C'est vous qui m'avez entr'ouvert les portes des inspirations poétiques. Votre image a toujours été mêlée aux pures aspirations, aux idéales beautés qui ont fait de ma vie un rêve heureux.

CHAPITRE VII

SUEZ ET LA MER ROUGE

I

A mon arrivée, le Caire était resplendissant, une décoration à la parisienne, comme dans nos grands jours, ornait toutes les rues nouvelles; le vice-roi mariait un de ses fils et donnait des fêtes somptueuses.

Tous les Européens présentés à Son Altesse furent cordialement invités. Je ne parlerai pas de ces fêtes dignes des mille et une nuits ; tous les journaux en ont rempli leurs colonnes; je laisse ces détails pour mes Contes et Légendes arabes qui vont m'occuper.

Mes préparatifs de départ étaient faits et mes visites d'adieu terminées; il me restait l'affaire importante de renouveler avec Antonio mon contrat pour la Syrie et la

Palestine. Les drogmans sont en général Grecs ou Syriens, ils parlent plusieurs langues et sont organisés en association ; quiconque ferait le drogman sans être agrégé à la Société s'exposerait à la redoutable persécution de celle-ci.

A de rares exceptions près, on est toujours trompé par les drogmans. Nous recommandons aux voyageurs, isolés ou même en compagnie, de s'adresser aux Pères de la Terre sainte, qui leur fourniront des hommes sûrs, et en Égypte à la Compagnie Cook, très bien organisée.

Antonio était un jeune homme de Beyrouth, à la mine éveillée, beau garçon, muni des meilleurs certificats ; il y en avait entre autres un de notre ami Mgr Bastide.

Ce jeune homme n'appartenait point comme aujourd'hui à la corporation des drogmans, qui devinrent furieux de se voir enlever un long voyage ; je fus averti par les chefs qu'Antonio n'était pas drogman et qu'il n'avait fait que quelques voyages en qualité de cuisinier et de second interprète ; mais, ce qu'ils ne disaient pas, il avait servi plusieurs années Mgr Bastide.

Je n'écoutai rien, je fis mes préparatifs de départ et je donnai rendez-vous à Antonio pour le lendemain, dimanche, à quatre heures du matin.

J'attendis jusqu'à cinq heures moins un quart ; ne voyant personne venir et, au moment d'entreprendre un voyage si long, voulant absolument assister à la messe, je me piquai d'amour-propre et résolus d'aller seul à l'église des pères franciscains, qui se trouve au milieu des vieux quartiers du Caire.

J'étais allé deux fois en compagnie de guides dans cette église qui est comme perdue dans un dédale infect de ruelles étroites et bien peu sûres, surtout à cette heure matinale, où les jeunes Grecs et le rebut du monde rentrent de leurs orgies, ivres de raki.

Je me dissimulais dans ces ruelles sombres, j'évitais toutes les rencontres et marchais d'un pas ferme ; après un effort prodigieux de mémoire [1], je me trouvai à la porte de de l'église. J'entrai et priai avec ferveur.

Pour la première fois j'étais seul, et bien triste ; mon compagnon fatigué n'avait pu, à son grand regret, venir avec moi. Après une prière mon cœur fut complètement réconforté et, comme un homme nouveau, je résolus de ne reculer devant aucun obstacle.

Sept heures sonnaient quand j'entrai dans le vestibule de l'hôtel; je m'informai de mon drogman auprès d'un portier qui avec un sourire équivoque me répondit ne pas l'avoir vu. Je soupçonnais un piège, quand un Arabe entra comme un ouragan dans le vestibule et me remit un billet : mon drogman était emprisonné.

Je me rendis chez notre consul ; il dormait profondément, on ne voulut pas l'éveiller, j'enlevai de force un Cavas

[1] La nuit il est très difficile de se reconnaître dans ce labyrinthe de petites ruelles qui se ressemblent toutes.

qu'un napoléon[1] rendit plein de ferveur pour mon guide, et je pris au passage un aimable négociant français, devenu consul depuis.

Nous voilà partis à franc étrier chez le commissaire général; en entrant dans la cour nous vîmes mon drogman qui nous raconta que les drogmans déguisés en agents de police l'avaient enlevé au moment où il sortait de son logement et l'avaient livré à la police, comme malfaiteur, pour l'empêcher de partir avec moi.

A force de menaces et de pourparlers, j'emmenai mon homme, au très grand dépit des drogmans, qui sans doute voulaient rire à mes dépens : Antonio était consacré drogman. Une heure après j'étais en route pour Suez.

Le voyage en chemin de fer est une utile diversion dans cette partie de l'Égypte; on traverse d'abord, comme à vol d'oiseau, une partie fertile de l'Égypte en s'arrètant aux stations de Bobeki et Wabeid.

Je dînai à Wabeid, lieu où j'eus l'occasion de faire de curieuses études de mœurs. Un inspecteur du chemin de fer turc, voyageant dans mon compartiment, se prit de querelle, je ne sais pour quelle cause, avec le directeur du train; c'était un petit homme replet, la face luisante, le ventre pointu, vociférant et faisant tourner ses petits bras pareils aux ailes d'un moulin à vent. Il suait à grosses

[1] En Orient, les Arabes n'aiment que la livre anglaise et surtout les pièces d'or à l'effigie de Napoléon.

gouttes, sa gorge se séchait à force de crier; quand il n'eut plus d'insultes à vomir aux oreilles de son subordonné, il lui cracha au visage et lui tira la barbe.

A cette insulte suprême du mahométan, le conducteur de train se rua sur le petit homme et lui arracha le fez ; cette scène dura toute la route, au grand plaisir de quelques Européens.

II

Le train était surchargé de voyageurs; les deuxièmes et les troisièmes classes, occupées par des pèlerins qui se rendaient à la Mecque, offraient surtout un spectacle étrange.

Que l'on se figure trente ou quarante wagons à bestiaux, n'ayant qu'un abri léger contre un soleil torride; entassés, semblables à une fourmilière, ces passagers, aux costumes divers et aux visages de toutes couleurs, poussaient les cris les plus discordants. Afin d'embrasser encore les heureux partants, ceux qui restaient escaladèrent les wagons en foule pendant la marche du train et avec une agilité de chats ; les employés frappaient à coups redoublés sur la tête et le dos des escaladeurs, sans les faire lâcher prise.

Un grand nombre de pèlerins se hissèrent sur la fragile plate-forme des wagons.

Le trottoir de la gare de Wabeid était couvert de quelques centaines de femmes chargées d'enfants; elles faisaient des gestes de désespoir, et remuaient leurs langues avec une telle adresse, en se gonflant le visage, qu'il en sortait des cris stridents et insupportables. Peu d'instants avant que le train s'ébranlât, je vis une scène terrible et émouvante. Des gendarmes égyptiens se précipitèrent sur un wagon et frappèrent de coups impitoyables des femmes et des hommes qui paraissaient s'opposer à une perquisition; ceux-ci ne poussèrent aucun cri, mais la douleur vainquit enfin leurs forces et ils laissèrent aux gendarmes quatre soldats condamnés aux galères, qui fuyaient vers la Mecque. On joignit les mains des coupables, elles furent placées entre deux planchettes, que les gendarmes vissèrent avec des écrous; leurs bras suspendus furent attachés au cou avec une chaîne.

III

Les terres fertiles avaient disparu et fait place au désert. De distance en distance, dans les tranchées où le sable avait été pris pour la chaussée du chemin de fer, on a essayé de faire une plantation de palmiers; partout où il y a un peu d'humidité, ils croissent bien, mais les vents du désert se ruent sur le travail de l'homme pour le détruire et d'un souffle comblent les tranchées.

Nous étions près d'Ismaïlia quand tout à coup le train s'arrêta; la chaudière s'était éventrée sans bruit. Tous les voyageurs descendirent avec peine la haute chaussée ; non loin se trouvait une petite station télégraphique, et un Arabe s'y rendit au pas de course; après trois heures d'attente, par une chaleur de 33° à l'ombre, nous vîmes arriver une locomotive à toute vapeur. Nous étions délivrés.

A quelque distance d'Ismaïlia parut un groupe d'élégants cavaliers et de belles amazones ; c'étaient le vaillant M. de Lesseps et ses nièces, qui venaient recevoir mon compagnon de vagon, ingénieur en chef du canal de Suez et jeune homme de la plus grande distinction. Cette heure d'arrêt faillit être cause d'un malheur public ; le train était à peine au repos que le magnifique pur sang que montait l'illustre M. de Lesseps se cabra et, en reculant, il se précipita avec son cavalier dans une dépression de terrain.

Nous poussâmes un cri de terreur, mais le cavalier se releva aussitôt, nous rassura de la voix et, quoique un peu alourdi par la chute, il remonta le pur sang, lui fit fournir une course furibonde, revint à l'endroit de la chute et lui donna une rude correction. Tout le monde sait que l'intrépide promoteur du canal de Suez est un cavalier aussi accompli qu'il est parfait gentleman.

Je me trouvais seul avec l'inspecteur du chemin de fer et quand le train se fut mis en marche, son appétit ayant été aiguisé par ses colères, il ouvrit un grand panier bourré de provisions de toute espèce, il en tira une douzaine d'œufs cuits durs qu'il dévora avec des galettes et quelques oranges; puis il engloutit tout un poulet en le déchiquetant avec les doigts; il but une petite bouteille de raki, engouffra de la confiture et des friandises; et après s'être essuyé la main aux coussins des vagons, il s'endormit et ronfla comme une roue mal graissée.

Avant Suez, notre inspecteur livra encore une formidable bataille aux conducteurs du train, qui cette fois le rossèrent d'importance. Le bonhomme m'ayant vu prendre des notes, eut sans doute peur et changea de compartiment, laissant les provisions qu'il n'avait pas dévorées; je ne le revis plus.

IV

Nous arrivons à Suez avec un retard considérable : il n'est rien de plus inexact que les chemins de fer égyptiens. Lorsque nous sortîmes du train, les Arabes se livrèrent un combat pour s'arracher nos personnes et nos bagages.

Le Grand-Hôtel indien me parut une véritable prison, et comme ce n'était pas un jour de passage pour les transatlantiques indiens, la lourde porte était fermée; il me fallut pendant une demi-heure frapper à coups redoublés; l'Indien qui couchait dans le vestibule se décida enfin à se lever; il m'introduisit dans une vaste cour et dans une longue salle; une heure après, on me servit un souper fantastique et le plus étrangement apprêté.

Cet hôtel a été construit par la grande Compagnie des Indes; chaque chambre est séparée par un solide mur, les fenêtres sont garnies de barreaux et les portes ont à l'intérieur de gros verroux qu'on me recommanda expressément de bien fermer: tout est prévu pour la sécurité la plus complète des voyageurs.

La cour intérieure, aménagée comme les cafés chantants, est charmante de jour.

Harassé de fatigue, je m'endormis d'un profond sommeil; vers deux heures du matin je fus éveillé par une musique mélodieuse; j'écoutai pour savoir si je n'étais point le jouet d'un rêve; mais non, c'était un véritable concert européen. La nuit était tiède, un clair de lune splendide éclairait le jardin intérieur; je me levai et descendis dans la cour; je m'assis en pleine lumière et écoutai la douce harmonie qui enchantait mes oreilles.

Depuis quelque temps, un gentilhomme français était à Suez; c'était lui qui donnait cette nuit une soirée musicale. J'étais sous le charme d'une fantaisie, je croyais rêver, quand un esclave du plus beau noir m'aborda et me pria en bon français de monter chez M. le comte de C. qui m'avait aperçu et me priait d'aller partager le souper. J'acceptai ; quel ne fut pas mon étonnement de retrouver dans cette charmante réunion plusieurs de mes compagnons de voyage et entre autres l'agent principal du canal de Suez chez lequel j'allais à Terre-Plein, à l'embouchure du canal dans la mer Rouge!

Le souper fut succulent; le comte de C. nous raconta une des nombreuses péripéties de son voyage autour du monde. M. Ch., de Terre-Plein, nous fit entendre des chansonnettes de sa composition, et nous ne nous retirâmes que lorsque le soleil eut fait pâlir nos bougies.

Tous les invités se rendirent à Terre-Plein par une longue jetée de quatre kilomètres, sur laquelle est établi un chemin de fer pour le service des chantiers de la Compagnie de Suez.

Un spectacle émouvant nous était réservé à notre arrivée : une pêche au requin. Cè poisson est très friand de chair humaine, et depuis quatre jours trois petits Arabes avaient été dévorés en se baignant; or, lorsque le hasard lui a donné une pâture humaine, il revient toujours au même endroit, de sorte qu'on était sûr de pouvoir le chasser.

M. Ch. avait organisé deux barques montées par des marins, ouvriers du port; le squale venait à une heure fixe explorer la rive.

Lorsque nous arrivâmes à Terre-Plein, les deux embarcations étaient prêtes, tous les hommes étaient munis de fortes carabines à balles explosibles et de longs sabres japonais.

A six heures le requin fut signalé, tous les spectateurs s'avancèrent sur la rive, les barques se dissimulèrent; à peine le monstre s'était-il approché qu'elles quittèrent leur refuge. Nous montâmes tous sur le vapeur de Terre-Plein; lorsque nous y fûmes installés, une formidable décharge se fit entendre; toutes les balles frappèrent le vorace qui continua tranquillement de nager, comme pour narguer ses ennemis; les barques s'approchèrent, nouvelle décharge, qui resta sans effet; on fit face à l'ennemi qui vint attaquer les marins; on le laissa arriver à une petite distance, et une décharge générale se fit dans sa large gueule; le monstre plongea, la mer fut rougie de son sang. Au bout d'un instant il reparut et revint contre les matelots, qui firent inutilement sur lui une nouvelle décharge; par un effort violent l'énorme bête souleva une barque et la fit chavirer; les hommes étaient à mer.

Nos intrépides marins avaient tiré leur sabres japonais, s'étaient glissés sous le ventre du vorace, dans lequel ils plongèrent leurs armes à plusieurs reprises; en même temps les marins de l'autre barque le harponnèrent et après avoir sauté sur la rive, ils l'entraînèrent sur la plage, avec l'aide de tous les curieux.

Pendant cette dangereuse lutte, on eut un accident grave à déplorer : un marin eut la cuisse cassée par un coup de queue du requin; la plaie était horrible; mais le pauvre blessé ne poussa pas un seul gémissement; on le porta à l'ambulance, où il reçut les soins du médecin et de Mme Ch., qui est la providence de Terre-Plein.

L'animal fut dépecé le soir; on fixa la mâchoire par des fils de laiton, et quelques jours après, les petits poissons l'avaient si adroitement dépouillée qu'elle était semblable à de l'ivoire; elle orne aujourd'hui le fumoir de M. Ch.

Je passai de délicieuses journées à Terre-Plein, qui est un vaste chantier pour la réparation et construction des navires, et j'ai conservé le meilleur souvenir des hommes aimables et distingués que j'y ai rencontrés.

V

J'avais trouvé au foyer de M. Ch. des religieuses qu'on avait accueillies comme moi. Elles arrivaient d'une de leurs missions lointaines. La plupart d'entre elles appartenaient aux meilleures et aux plus nobles familles.

Quel charme, quelle mansuétude reflétaient ces visages angéliques! Ah! c'est qu'une voix céleste avait parlé à leur cœur et leur avait dit : Partez... Sous de lointaines et meurtrières latitudes il y a des enfants abandonnés, des yeux qu'il faut ouvrir à la vérité, des lépreux, des cholériques que personne ne veut soigner...

Et elles étaient parties le sourrire aux lèvres, abandondonnant tout ce qu'on peut regretter en ce monde. Elles avaient une famille aimée : elles ont préféré se dévouer à des inconnus déshérités. Elles avaient le bien-être, une liberté assurée, toutes les espérances et tous les droits de la jeunesse : elles ont mieux aimé mourir à toutes ces choses.

Quelle est donc l'influence étrange qui donne à ces vierges tant de goût pour ce que d'autres eussent trouvé effrayant sinon méprisable ? Qui peut leur inspirer cet héroïsme obscur, qui se joue de la nature humaine, qui fait de la vertu une nécessité de chaque instant ?

Ah, certes, moi qui les ai vues à l'œuvre, qui les ai observées loin de leur pays, je puis bien l'affirmer : seule la grâce toute-puissante du christianisme peut soutenir en elles une pareille lutte et organiser cette victoire d'un nouveau genre. Il faut des serments au-dessus des serments de la terre ; il faut un pacte avec le ciel, et un pacte scellé du sang divin.

Aussi quand une épidémie, apportée sur l'aile invisible des vents, souffle dans les villes l'épouvante et la mort, on voit fuir les populations ; un père abandonne son fils, une fille abandonne sa mère ; mais les vierges du Seigneur sont là, elles font à tous de leur cœur un rempart contre le fléau.

On voit encore en pareil cas les chefs des peuples, on a vu les reines de l'Orient s'enfuir vers les montagnes. Mais les souveraines de l'Occident, celles de la France en particulier, savent descendre du trône, elles vont porter de suprêmes consolations dans les hôpitaux empestés, et braver le mal dans son foyer lui-même.

Après le dîner nous étions sur le port d'embarquement

de Terre-Plein, captivés par un nocturne spectacle qui se renouvelle souvent en Orient. La lune se balançait dans l'azur vif du ciel, la voûte céleste blanchissait en se rapprochant du désert, qui scintillait comme s'il eût été semé de diamants ; au loin les crêtes des montagnes de l'Attaka étaient encore rosées et la teinte s'adoucissait en disparaissant insensiblement comme un fer qui se refroidit.

Puis au dernier plan le Sinaï resplendissait comme une montagne d'argent. Le sifflet du petit canot à vapeur réveilla les échos des montagnes, et nous arracha à notre muette contemplation. Nous descendîmes pour aller, pendant la nuit, traverser la mer Rouge, aborder le matin à l'autre rive et parcourir une partie du désert avec d'excellents chevaux qui nous attendaient sur la plage.

Mollement balancés par les vagues paisibles, nous longions la chaîne nubienne, droite comme un mur et étincelante sous les rayons de la lune. Au bruit de notre chaloupe, des oiseaux de nuit quittaient les crevasses du rocher et fuyaient en poussant de grands cris.

Rien ne peut rendre le charme de cette belle nuit solennelle, dont la fraîcheur calmait nos longues fatigues. La barre fut mise sur l'autre rive ; en nous approchant, nous entendîmes distinctement les cris des fauves qui rôdaient près du petit campement, autour duquel de grands feux étaient allumés. Quelques coups de feu les tinrent à distance ; mes compagnons étaient ravis d'avoir l'occasion de décharger des balles explosibles. Les Arabes que nous devions avoir à notre solde pour la journée, saluèrent notre arrivée par une salve générale.

En m'avançant dans le désert, je crus un instant, à ma grande surprise, que le sol était couvert d'une couche de neige durcie; c'est l'illusion que produit toujours le désert, vu par un beau clair de lune. Nous aperçûmes la silhouette de plusieurs fauves, et la caravane comme mue par un ressort, s'élança avec furie vers cette proie tant désirée; les Arabes tenaient la tête de la colonne; des coups de feu partirent; un formidable miaulement y répondit; une des nombreuses hyènes qui abondent dans ces parages avait sans doute été atteinte. Le vent se leva tout à coup, nous fîmes halte en nous couvrant le visage de nos couffis [1], et un instant après nous nous dirigeâmes vers l'oasis où Moïse, animé d'un souffle divin, fit jaillir l'eau du rocher.

Les Arabes avaient entravé les chevaux, suspendu les hamacs aux grands palmiers et posé deux sentinelles pour la garde du camp. Mes compagnons dormirent d'un sommeil paisible au doux balancement du hamac; les moustiques étaient encore assoupis sous les feuilles et dans les trous de l'écorce des arbres.

[1] Foulard à gland, tissé de soie et d'or, enveloppant la tête des Arabes riches.

VI

Mon esprit se reporta aux temps bibliques, et j'aperçus la colonne miraculeuse qui conduisait le peuple d'Israël au travers des flots par la main toute-puissante de Dieu ; au loin la forte armée du Pharaon, ses chars terribles, ses redoutables cavaliers aussi prompts que l'aquilon, ses Nubiens qui lassaient les coursiers du désert, éclaireurs intrépides de l'armée, précieux auxiliaires qui déjouaient toutes les embuscades.

Mais le Dieu d'Israël retira sa main et les flots engloutirent les Égyptiens qui servirent de pâture aux monstres de la mer.

Près de là j'entendis le murmure d'une fontaine, c'était celle de Moïse ; j'évoquai la grande figure du libérateur si bien rendue par Michel-Ange dans sa sublimité. Moïse, avant de donner au peuple une loi divine, l'abreuvait d'une eau miraculeuse.

Puis, quarante siècles plus tard, mon regard se reposait sur le Moïse chrétien des peuples modernes ; je voyais sa main bénissante élevée du haut de la Loge de Saint-Pierre sur la ville et sur l'univers catholique. Il leur montrait de son geste paternel une autre source de vie, le sang qui s'échappe du cœur de Jésus-Christ.

Mais combien de nations ne vis-je pas alors qui passaient loin de cette source de régénération nécessaire et pour l'âme et pour le corps ! Elles couraient vers les saturnales de l'impiété, elles se plongeaient dans l'athéisme, elles laissaient en riant pervertir leur esprit, anéantir jusqu'à leur force physique.

Aussi quel est le véritable souverain choisi par ces multitudes ? l'égoïsme le plus absolu.

La charité du Christ est parmi elles une inconnue lorsqu'elle n'est pas une ennemie. L'aliment qui soutient leur vie c'est l'orgueil, mais un orgueil impérieux et implacable qui aveugle les multitudes, qui précipite un peuple contre un peuple, qui change en flots de sang les eaux des fontaines et des fleuves.

VII

Je voulais passer ma dernière journée à prendre des notes exactes sur la ville de Suez, qui, grâce à la baguette magique de M. de Lesseps, vient d'acquérir dans la deuxième moitié du dix-neuxième siècle, une gloire non seulement européenne, mais universelle.

Avant le canal, Suez était un simple village aussi pauvre qu'inconnu. Mais depuis que la grande idée d'unir la Méditerranée à la mer Rouge se fut imposée comme possible, comme nécessaire, depuis que malgré tant d'incrédulités et de jalousies, l'initiateur de cette colossale entreprise en eut commencé l'exécution, le village devint un immense chantier, puis une ville sur laquelle le monde avait les yeux.

Elle comptait douze mille âmes à l'époque de mon voyage ; elle est appelée à progresser indéfiniment et rapidement : ce n'est au reste ni à un site pittoresque ni à ses monuments qu'elle devra son éclat, c'est à son titre de tête de la ligne maritime et commerciale la plus importante qui existe, et ce titre est une assez belle auréole.

L'entrée du canal de Suez est déjà magnifique par sa largeur. De grands mâts indiquent aux pilotes la direction à suivre.

C'est par une des plus belles nuits de ce climat que nous descendîmes le canal. La lune jetait un éclat éblouissant. Enveloppé de mon manteau je restais sur le pont pour jouir de la fraîcheur, tout en me défendant contre le froid, qu'on sait assez dangereux en Égypte.

Les bateaux destinés au service postal ont été construits en conséquence. On y a ménagé un petit salon intérieur, puis une terrasse couverte et enfin, à l'avant, un emplacement organisé pour les dernières classes.

Tout le monde a suivi avec passion dans les journaux les détails qui concernent le percement de l'isthme de Suez, l'œuvre pharaonique de notre époque. Mais qui a pu se rendre un compte exact des difficultés vaincues ?

Qui, sans les avoir vues, aurait pu se faire une idée de ces machines aussi puissantes qu'ingénieuses, préparées pour vaincre, dans cette lutte de géants, et contre les hommes et contre la nature?

Le canal existe. Ce chef-d'œuvre des temps modernes dépasse en grandeur et surtout en utilité commerciale les huit merveilles de l'antiquité. Toutes les conditions de navigation facile et sûre il les réunit, au grand avantage des ennemis mêmes de cette entreprise.

Toutefois, comme les choses humaines sont toujours imparfaites, il manque à celle-ci un développement plus complet. Il faudra une abondance encore plus grande des eaux pour ramener peu à peu la vie sur ces rives si longtemps abandonnées. Et pour cela il suffit qu'on veuille mettre à profit les années spécialement pluvieuses, réserver de grands volumes d'eaux douces et augmenter la masse destinée aux irrigations.

Ce n'était pas en un jour qu'on pouvait maîtriser le désert; dans son œuvre de tant de siècles, il a opprimé et stérilisé la nature, comme aujourd'hui le matérialisme affaisse l'intelligence de l'homme et pervertit son cœur.

VIII

La charmante ville d'Ismaïlia est située en face des Lacs-Amers qui ressemblent à d'immenses nappes d'argent. De petits jardins et de gracieux chalets, comme autant d'émeraudes, font ressortir l'or mat des sables et ornent coquettement les bords pittoresques du canal.

Nous nous arrêtâmes à Ismaïlia. C'est là que j'eus le regret de dire adieu aux bonnes religieuses. Je visitai la ville et les travaux qui s'y continuaient. Mais l'homme que j'aurais surtout désiré voir, l'âme de la vie nouvelle en Égypte, l'illustre et infatigable Français qui s'appelle M. de Lesseps, je ne pus le rencontrer, ni, par suite, lui remettre mes lettres de recommandation. Il venait de partir pour assister aux fêtes que donnait le khédive à l'occasion du mariage de sa fille.

Le soir je repris ma route, aimant à profiter de ces nuits orientales si favorables aux voyageurs européens. Tantôt nous naviguions entre de hautes berges qui ne laissaient voir au-dessus de la tête qu'une ligne lumineuse comme la voie lactée ; tantôt nous pouvions voir ce désert immobile et blanc comme les steppes de la Sibérie.

Lorsqu'au matin nous touchâmes Port-Saïd, le soleil se levait dans sa splendeur avec les nuances merveilleuses dont ses premiers rayons revêtent le paysage, surtout au bord des eaux.

Port-Saïd est une ville de construction toute récente, comme l'indique son nom demi-français. Les rues, tirées au cordeau, ne sont pas même encore pavées. Un beau square est bordé dans presque tout son circuit des hôtels principaux de la cité. Dans celui où nous sommes descendus nous n'avons eu qu'à nous louer du maître et de la maîtresse de la maison.

La ville, quoique si nouvelle, compte déjà près de huit mille habitants.

IX

Une tourmente horrible régnait ces jours-là dans toutes les échelles du Levant. Tous les bateaux restaient à l'ancre dans Port-Saïd, et nul n'osait braver un orage aussi extraordinaire. On ne parlait que des sinistres arrivés depuis peu. Le paquebot-poste d'Alexandrie avait eu la prudence de ne pas s'aventurer en mer.

Enfin après trois jours d'attente, on vit arriver dans la matinée du 2 février, un vapeur russe exempt d'avaries. La mer s'était un peu calmée. Je me disposai au départ.

Comme je bouclais mes malles, un joyeux carillon frappa mon oreille : je me rappelai tout à coup la date : c'était une fête de la sainte Vierge, à Port-Saïd il y avait des catholiques pour célébrer la Chandeleur.

Le son de ces cloches ne pouvait me laisser indifférent : c'était la patrie, c'était tous ceux que j'aime, et je vivais seul pour la première fois de ma vie.

Bien vite cette idée me monte au cœur, qu'un catholique n'est jamais seul; il peut toujours retrouver des frères autour de la Mère des chrétiens ; il peut du moins se réunir par la pensée à ceux que séparent les distances.

La petite église des lazaristes n'était pas loin ; je me hâte de m'y rendre. Une foule recueillie se pressait dans ce sanctuaire, où se renouvelaient des premières communions. Une grande dame du pays tenait l'harmonium. Elle exécutait avec talent et avec âme des morceaux vraiment religieux. J'entendis, à sept cents lieues de la terre natale quelques thèmes simplifiés de Sébastien Bach, une fugue de Palestrina et même un des airs du sublime Beethoven après l'élévation : toute cette musique, en un mot, était de la bonne école.

Bientôt retentissaient les chants et l'encens montait vers le ciel. L'ensenble de cette solennité me remua profondément, et si jamais je priai avec ferveur, ce fut à cette heure privilégiée.

Qu'est-ce donc que la prière? C'est un entretien mystérieux, un épanchement intime avec Dieu. Il me semble que Dieu d'abord s'approche de l'âme, la touche légèrement comme du doigt; et puis l'âme répond, elle écoute, elle s'élève, elle oublie tout le reste, et plane quelques instants dans une autre sphère.

Mais d'une conversation divine il faut bien qu'on rapporte quelque chose de surhumain : je me relevai plus fort, meilleur et tout transformé.

Ah oui, cette prière elle est pleine de délices dans une modeste église, sur une terre lointaine. Le cœur bat plus près de Dieu ; on sent comme le frémissement des ailes de l'ange gardien qui prie à nos côtés; on se trouve rassuré en pareille compagnie; il semble tout naturel de mépriser les vulgaires préoccupations et les dangers, même les plus grands, puisqu'on les sait prévus par Dieu.

Le cœur ainsi reconforté, j'étais prêt pour le départ.

Malgré mon ardent désir de visiter les saints lieux, je ne pouvais m'arracher à cette terre des Pharaons ; je voulus revoir encore l'œuvre immortelle du « grand Français ». Je montai une dernière fois sur le phare.

Arrivé au sommet, je pus rassasier mes yeux du tableau qui se déroulait devant eux.

Je voyais le canal traversant comme un ruban de pourpre ces champs sans bornes, sans vie et sans couleur, placés entre mes premières excursions et mon prochain pèlerinage.

Suez m'apparaissait comme dévoré par un incendie. La mer, soulevant ses grandes vagues, semblait étonnée de rencontrer les digues de M. de Lesseps et furieuse de leur résistance.

Mais l'horizon devient plus sombre encore : l'orage ne se lasse pas ; j'entends redoubler les grondements du tonnerre ; la foudre déchire les nues d'où s'échappent des torrents de pluie et se précipite une grêle telle que les yeux d'un Européen n'en ont jamais vu.

Plus la tempête s'acharnait à bouleverser les flots, plus de l'autre côté le soleil transformait le désert en une plaine éblouissante : on eût dit que les millions de grains de sable étaient devenus tout à coup des millions de pierres précieuses.

J'aurais voulu tenir alors une plume magique comme celle de Victor Tissot, pour décrire cette scène grandiose avec ses puissants contrastes : ici toutes les horreurs de l'ouragan maritime, là toutes les beautés d'un splendide coucher du soleil sur le désert.

Tout à coup une idée nouvelle s'empara de mon être ; je ne pouvais maîtriser mon émotion ; un souvenir de joie intime et d'orgueil national faisait battre mon cœur : c'était une ravissante apparition : il me semblait voir l'impératrice de la France ; elle avait son cortège digne d'elle, un cortège des illustrations du monde entier, des princes de l'Orient avec les rois et les empereurs de l'Europe.

Ces représentants des nations s'inclinaient sous le charme tout-puissant des hautes qualités de ce vrai cœur de souveraine ; tous étaient subjugués par son caractère si chevaleresque et par le prestige de son incomparable beauté.

Princesse héroïque ! elle avait un droit naturel et supérieur à l'inauguration de l'œuvre qui portera jusqu'au bout du monde l'industrie, la civilisation et l'Évangile. Sans l'auguste protection d'Eugénie, M. de Lesseps aurait-il pu réaliser cette étonnante entreprise ?

L'Impératrice, au moment solennel où la voyait mon imagination, portait le sceptre de la France. Sur un signe de cette main gracieuse, les digues sont rompues, et les flots mêlés des deux mers réunissent deux mondes.

X

Dans l'œuvre de M. de Lesseps je voyais les plus grands bienfaits pour l'humanité, mais surtout le premier, le plus précieux parmi les bienfaits, celui de la paix. — Non pas cette paix qui sortirait de la fausse fraternité prêchée par les apôtres du sophisme et de la libre pensée. Oh ! non, cette paix est un mensonge.

Quand l'homme commence par renier Dieu, ce n'est pas au progrès qu'il marche, c'est à la barbarie. N'est-ce pas le principe que cachent les adeptes des sociétés secrètes à tous les degrés, éternels artisans de complots et de révolutions ? Ce qu'ils veulent c'est un État sans culte, une loi sans morale, l'âme humaine déshonorée, la conscience anéantie ; et où aboutissent ces docteurs ? aux monstruosités de 1871. Ils applaudissent quand les anthropophages sont dépassés. (Lisez Maxime Du Camp, *la Commune.)*

Notre siècle de révolutionnaires vante sa civilisation et sa science ; mais qu'est-ce que la science sans Dieu ? c'est un délire qui arme le libre penseur de la torche et du glaive fratricide pour asservir la liberté.

L'incendie et le poignard ont toujours été la raison dernière des ambitieux de bas étage, des lâches et des pervers. Ouvrez l'histoire et dites si jamais une époque a vu des rois meilleurs que notre siècle.

Oui, les rois sont les vrais pères des peuples, et nous avons besoin d'eux. Ils sont les gardiens de la famille, de toutes les gloires et de toutes les vertus magnanimes.

Sera-ce parmi les libres penseurs qu'on trouvera la générosité, le désintéressement, la grandeur d'âme et l'héroïsme personnel, attributs naturels des princes ?

XI

Quant à la science et aux arts, nul ne sait mieux qu'eux les apprécier ; nul ne les recherche, ne les protège, ne les récompense avec plus de sollicitude, nul même ne les cultive avec plus d'amour. Dès leur jeunesse les princes reçoivent l'éducation la plus distinguée, ils n'avancent dans la vie qu'avec les guides les plus parfaits. Chacun de leurs pas élève et agrandit leur intelligence, et c'est dans leur cœur qu'on sème les plus nobles sentiments.

De tels hommes ne sont-ils pas ainsi nécessairement placés à la tête de tous les autres? dites-le-nous, républicains sincères et honnêtes, ne sont-ils pas *les plus dignes* de conduire, de consoler l'humanité — et ajoutons de l'honorer autant qu'elle peut l'être ici-bas? Ceux que vous leur donnez comme successeurs sont-ils comme eux choisis et préparés pour un tel rôle?

Un malaise immense travaille les sociétés modernes, un trouble mystérieux agite le monde éperdu, rongé d'immoralités et d'ignobles ambitions : eh bien, s'il est encore pour lui quelque moyen de salut, c'est de se jeter dans les bras des rois : puisse-t-il enfin le sentir et prendre ce parti!

Elle avait bien compris son siècle, notre noble et glorieuse Impératrice; elle voulait la France grande et forte, aussi elle avait élevé son bien-aimé fils avec son cœur de sainte, et c'était l'Église même qu'elle lui avait donnée pour berceau.

Hélas, maintenant!...

XII

La lune avait remplacé les splendeurs du soir quand je descendis du phare. J'allai faire mes adieux au sanctuaire des lazaristes.

Je ne pouvais me recueillir trop profondément à la veille de mon voyage en terre sainte ; j'étais au seuil de cette terre; j'apercevais dans le lointain les cimes de ses montagnes.

Je ne séparais pas un instant le souvenir de la famille impériale de ce pèlerinage pieux entrepris pour elle. Une fois ce devoir du cœur accompli en reconnaissance de tant de félicités et de gloires prodiguées à ma patrie, j'avais résolu de partir jusqu'au fond de cet Orient mystérieux, si souvent visité et si peu connu encore.

Je n'ignorais pas les fatigues, les dangers, les privations de toute sorte qui m'y attendraient ; mais en songeant à l'état présent du monde européen, en reportant ma pensée vers la France telle qu'on nous la fait actuellement, j'avais besoin d'oublier nos derniers malheurs, j'avais soif d'un monde nouveau, sinon meilleur et plus heureux.

Surtout mon cœur voulait aller se reposer quelques instants près du tombeau du Christ Sauveur; mes yeux brûlants voulaient pleurer sur le Golgotha et y implorer la résurrection de mon pays.

Je me rappelai comme une délicieuse espérance cette noble et douce figure du prince impérial; je le voyais un rameau d'olivier à la main; je suppliais le Seigneur de le rendre bientôt à la France, accompagné de son auguste mère, pour vaincre l'ingratitude d'un moment par l'enthousiasme populaire et sauver le peuple à force de bienfaits.

XIII

Celui qui n'a pour toute ambition que son profond amour de la patrie, celui-là peut librement élever la voix et dire sa pensée : l'histoire est avec lui.

Dans quelle page trouverait-on le nom d'une princesse qui ait nourri dans son cœur un plus ardent patriotisme, qui ait élevé plus haut que l'Impératrice les vertus chrétiennes, qui ait illustré comme elle le plus beau trône du monde par tous les courages, toutes les grâces et toutes les beautés? Elle savait avec tant de délicatesse adoucir les sévérités de la loi et de la politique! Elle avait si bien mérité le titre d'*héroïne d'Amiens!* Elle a si noblement porté celui d'*ange gardien de la France!* — Ce dernier restera inséparable de son nom.

Le culte que je porte à la plus sainte des femmes est l'honneur de ma vie. Qui donc oserait blâmer un pèlerinage en terre sainte, pieux hommage d'un serviteur fidèle mis aux pieds du malheur ?

FIN

TABLE DES MATIÈRES

LYON. — IMP. PITRAT AINÉ, RUE GENTIL, 4

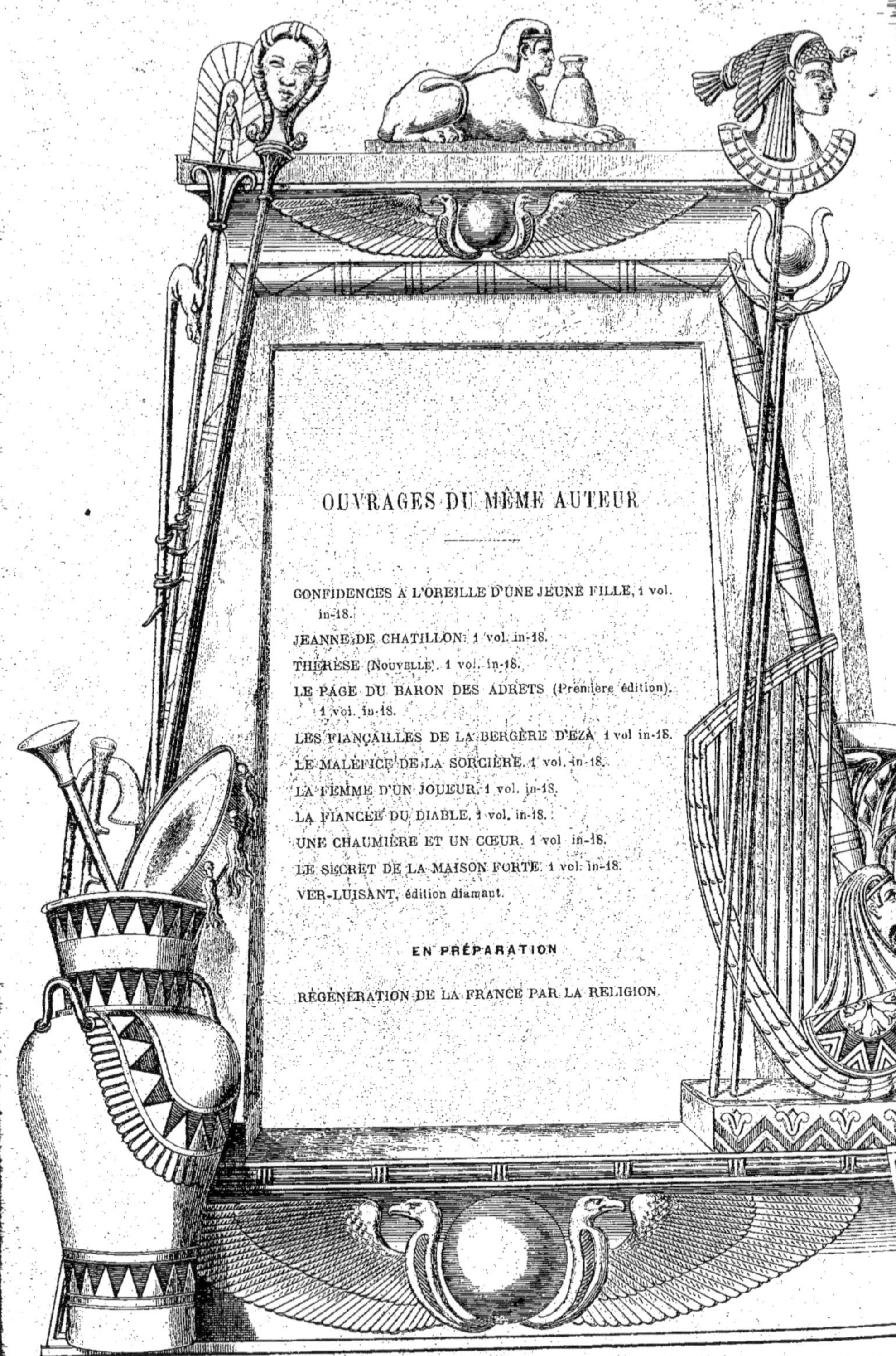

OUVRAGES DU MÊME AUTEUR

CONFIDENCES A L'OREILLE D'UNE JEUNE FILLE, 1 vol. in-18.

JEANNE DE CHATILLON. 1 vol. in-18.

THÉRÈSE (NOUVELLE). 1 vol. in-18.

LE PAGE DU BARON DES ADRETS (Première édition). 1 vol. in-18.

LES FIANÇAILLES DE LA BERGÈRE D'EZA 1 vol in-18.

LE MALÉFICE DE LA SORCIÈRE. 1 vol. in-18.

LA FEMME D'UN JOUEUR. 1 vol. in-18.

LA FIANCÉE DU DIABLE. 1 vol. in-18.

UNE CHAUMIÈRE ET UN CŒUR. 1 vol in-18.

LE SECRET DE LA MAISON FORTE. 1 vol. in-18.

VER-LUISANT, édition diamant.

EN PRÉPARATION

RÉGÉNÉRATION DE LA FRANCE PAR LA RELIGION.

LYON. — IMP. PITRAT AINÉ, 4, RUE GENTIL.

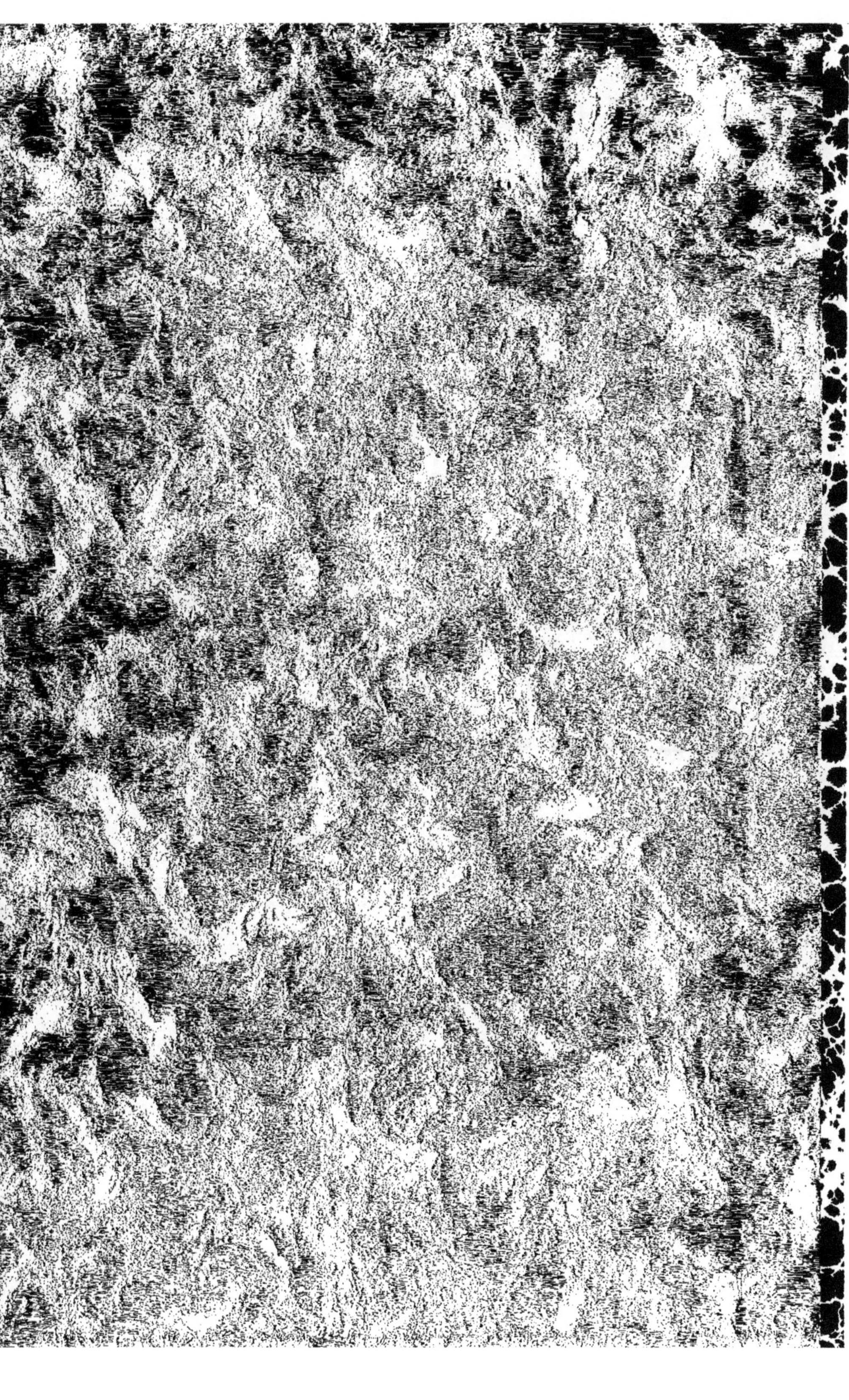

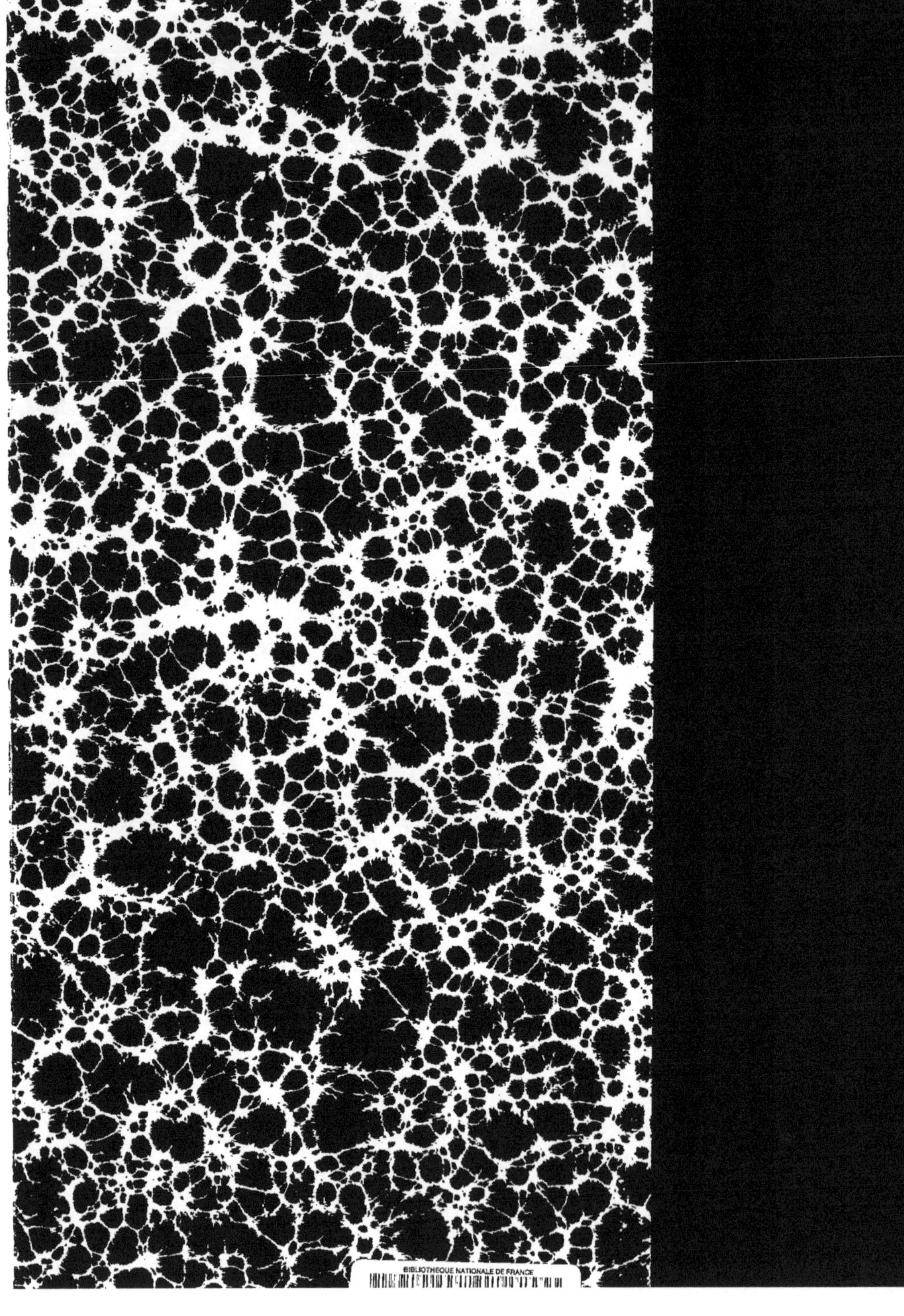

www.ingramcontent.com/pod-product-compliance
Ingram Content Group UK Ltd.
Pitfield, Milton Keynes, MK11 3LW, UK
UKHW012151240726
13966UKWH00002B/265

9 782012 940048